共享绿色

——广州新型绿化设计与案例解析

GONGXIANG LüSE

GUANGZHOU XINXING LüHUA SHEJI YU ANLI JIEXI

阮　琳　刘兴跃　文才臻　编

华南理工大学出版社
SOUTH CHINA UNIVERSITY OF TECHNOLOGY PRESS

·广州·

图书在版编目（CIP）数据

共享绿色：广州新型绿化设计与案例解析／阮琳，刘兴跃，文才臻编. —广州：华南理工大学出版社，2018. 12

ISBN 978-7-5623-5821-3

Ⅰ．①共… Ⅱ．①阮… ②刘… ③文… Ⅲ．①绿化规划 – 环境设计 – 案例 –广州 Ⅳ．① TU985.265.1

中国版本图书馆 CIP 数据核字（2018）第 241290 号

共享绿色——广州新型绿化设计与案例解析

阮琳　刘兴跃　文才臻　编

出 版 人：卢家明

出版发行：华南理工大学出版社

（广州五山华南理工大学 17 号楼，邮编 510640）

http://www.scutpress.com.cn　E-mail: scutc13@scut.edu.cn

营销部电话：020-87113487　87111048（传真）

策划编辑：范亚玲

责任编辑：朱彩翩

印 刷 者：广州市新怡印务有限公司

开　　本：787 mm×1092 mm　1/16　印张：12　　字数：263 千

版　　次：2018 年 12 月第 1 版　2018 年 12 月第 1 次印刷

印　　数：1～1000 册

定　　价：128.00 元

编 委 会

前　言

　　随着城市化进程的加快，大量住宅、商务办公楼等高层建筑拔地而起，高架桥、地铁、高速公路等也在不断延伸，可以说我们的生活环境已经得到极大的改善。但也带来了很多环境问题：身处在钢筋混凝土森林里，同自然的距离越来越远，大气污染、噪声污染、热岛效应等更是危害你我的身心健康。随着城市人口的不断增加，绿地被越来越多的高层建筑侵占，城市绿化用地比例不断降低，加上城市工业化在迅速发展的过程中排放出大量的工业废气，导致城市污染加重，城市生态环境质量不断恶化。

　　面对大众对良好自然环境的渴求及保证城市生态环境的良性发展，传统的绿化方式已经不能解决绿化用地和建设用地之间的矛盾，见缝插绿的方法成效甚微，于是城市新型绿化——立体绿化应运而生。大力推行立体绿化才是解决这一矛盾最直接、最有效的途径。立体绿化可以充分利用城市闲置空间种植绿色植物，缓解地面绿化面积不足的问题，提高城市绿化量，改善人居环境质量，降低城市热岛效应，美化城市空间。大量建筑用地虽挤占了城市绿化用地，但是建筑屋面、墙面、阳台等闲置空间又为发展立体绿化提供了绝佳场所。此外，立交桥阴空间、沿江护坡等曾被视为人群活动的消极空间，同样也可以采用立体绿化装点，以丰富立体绿化的空间维度。

　　本书通过对国内外现有常见新型绿化进行梳理和研究，重点介绍了立体花坛、高架路桥立体绿化、屋顶绿化、阳台和露台绿化、墙面绿化等五种新型绿化模式，并对广州市新型绿化案例从设计、施工及养护技术等层面进行了详细解析，以期寻求广州市生态绿化模式的可持续发展之路。

目 录

第一章　概　述

第一节　新型绿化概述

自从植物学家帕特里克·布兰克提出将园艺和垂直构件结合这个兼具美观和环保的绿色理念以来，新型绿化就成了很多城市建设者、园艺师、建筑师等的追求。尤其是欧洲地区，出现了大量诸如屋顶花园、垂直墙面绿化、阳台花园等新型绿化模式，在他们的机关单位、商厦、学校、住宅随处可见。目前业内对新型绿化没有一个统一的界定，但是普遍认为新型绿化和垂直绿化、立体绿化等概念相近，本书将其定义为一种立体绿化模式。

1. 相关概念辨析

立体绿化是相对于地面绿化而言的，通常指城市中的绿化，是一种有别于自然界的人工绿化环境，一种人类模仿自然而创造出的人造自然环境。地面绿化有很多种英文表达，比如"ground vegetation""ground greening"等，是一种紧贴地面的种植基地，在城市建设中随处可见。规模化的地面绿地最早始于皇宫贵族的园林宫苑，如克里姆林宫、颐和园等，这些园林绿化和平民百姓的生活有着很大的距离，封建所有制瓦解之后，才逐渐开放供公众游赏。日本在2003年出版的《地面绿化手册》，对地面绿化做了详细梳理，把地面绿化分为道路空间、城市设施空间、平坦空间、水边空间、草坪空间和坡地空间几类绿地形式，针对不同空间类型的植物配置、绿化功能、施工方法和建设管理给出了意见，作为业内地面绿化的行动指南。

与之相对的立体绿化，英文翻译通常有"vertical planting""vertical gardening""Three-dimensional green"等，语义上可以解释为在三维空间上种植的绿化，包括种植基底在非地面平台上及利用攀援植物垂直生长的种植方式。立体绿化在建筑、园林和市政交通等领域被广泛应用，特别是早期的屋顶和建筑外立面。立体绿化对于丰富建筑形体有非常突出的效果，因而也有人把它叫作建筑绿化。

国内对于立体绿化的定义，付军做了明确的表述：立体绿化，也叫作垂直绿化，指充分利用城市地面上的各种不同立体条件，选择各类适宜植物，栽植于人工改造的环境中，使绿色植物覆盖地面以上的各类建筑物、构筑物及其他空间结构的表面，利用植物向空间发展的一种绿化方式。[①] 这是一种用植物绿化的方式构成的三维空间，是全方位、多形式、多层次的合理有效的绿化，填补了平面绿化的不足，用一种艺术化的方式增加了城市绿化面积，达到生态效益的最大化，在改善人居环境及维持生态系统平衡等多方面起到促进作用。很多国家的立体绿化概念与屋顶绿化概念相似：在韩国，立体绿化被称为硬板上的绿化；在美国，它被称为纯生态屋顶绿化；日本和中国台湾则称其为第五立面绿化。[②]

城市立体绿化，是指在城市建成区内，以城市中建筑物和构筑物（河道堤岸、高架路桥、护坡等）为种植载体，影响城市生态小气候，改善城市绿化环境，营造立体化的景观艺术氛围和空间环境，丰富绿化空间层次。

建筑立体绿化是更微观层面的立体绿化，是指合理地利用建筑屋面、墙面、窗台、阳台等附属空间种植植物，以达到丰富、美化建筑立面及改善活动空间的生态环境等目的，主要涉及各类型建筑的屋顶绿化、墙面绿化、阳台绿化、室内（半室内）庭院绿化等。

2. 新型绿化发展历程

公元前六世纪，尼布甲尼撒二世，也就是迦勒底帝国的君主，在国家首都巴比伦建了一座举世闻名的空中花园（图1-1）。尼布甲尼撒二世不惜重金打造这座空中花园，屋顶上不单可以种植树木，还采用先进的机械提水灌溉系统，巧妙的三层退台

图1-1 古巴比伦空中花园复原图

① 付军. 城市立体绿化技术 [M]. 北京：化学工业出版社，2011.
② 张建华，侯彬洁. 商业空间的立体绿化 [J]. 园林，2013（9）：21.

式设计形成了一种独特的虚浮于空中的错觉。古罗马历史学家库勒斯这样描述这座花园："通向花园的路倾斜着登上山坡、花园的各个部分一层高过一层……所以它像一座剧场……最上层约有 23 m 的廊子，它的顶是全国的最高处……廊子的顶由石梁支撑……上面铺着一层沥青、芦荟、砖、铅皮和泥土，厚度足够树木扎根；地面弄平，密密种植各种树木……使游览的人赏心悦目……廊子里有许多御用寝室；有一个廊子，里面安装一台机器把水提上来，通过一个口子，流向花园最高处，灌溉花园。"①

十四世纪，也就是文艺复兴时期，意大利卢卡城内的一座橡树塔屋顶花园格外引人注目，为古尼奇家族在自家城堡内修建，园内有四棵 4 m 高的橡树，栽植于砖砌的屋顶树池里。橡树塔屋顶花园（图 1-2）如今对外开放，花园里保留着作为古尼奇家族高贵象征的橡树冠，为游人遮挡地中海的烈日。

图 1-2 橡树塔屋顶花园

十七世纪的俄罗斯克里姆林宫，屋顶是一个两层的巨大花园。面积约为 1000 m²，两层各有一个水池，面积约为 93 m²，中间还有喷泉，水池中的水从莫斯科河引流而来。植物多为树、花灌木、葡萄等，种植在盆、桶或更大的容器中。1773 年被拆毁，以建造新的克里姆林宫。②

十九世纪末，一座由德国建筑师卡尔·拉彼茨设计的玻璃屋顶花园在柏林建成。柏林的气候特点是冬季寒冷，常年多雨，因此保暖防漏是设计的核心任务。卡尔·拉彼茨将硫化橡胶施工技术运用于玻璃屋顶花园以解决屋顶漏水的难题。这项突破性的

① 徐峰. 建筑环境立体绿化技术［M］. 北京：化学工业出版社，2014.
② 李海英，白玉星，等. 屋顶绿化的建筑设计与案例［M］. 北京：中国建筑工业出版社，2012.

技术被拿到 1867 年的巴黎世界博览会中展出。同一时期美国建造屋顶剧场如火如荼，这一时期的立体绿化更多服务于大众休闲，并向营利性质转化。由此，屋顶剧场、高级酒店的立体绿化逐渐兴起。1880 年纽约音乐家鲁道夫在百老汇和第 39 号街之间建造了一座娱乐宫剧院，剧院建造耗时两年多，夏季的时候可以使用露天的观众席，大跨度的草皮屋顶能遮风挡雨，娱乐宫剧院一度成为纽约歌剧院的典范；另外一座修建于 1895 年的奥林匹亚音乐厅，设计手法更是颠覆传统，屋顶花园长 71 m、宽 30.5 m、高 19.8 m，横穿整个街区，完全由草地覆盖，从地下室引水到屋顶边缘，既可以降温还能阻隔噪声。

进入二十世纪，立体绿化的发展更多倾向于高级酒店。典型代表为美国阿斯特宾馆，这一手法被推广到高层豪华公寓上，带屋顶花园的顶楼俨然是身份与地位的象征。

1924 年，美国率先设计了第一个带屋顶绿化的地下停车场，位于旧金山的联邦广场，设计和建造者是蒂西莫·福莱格。停车场规模很大，能同时容纳 1700 辆汽车，可以想象其花园广场的规模。二十世纪的美国，商业区内对停车场的依赖已经非常明显，所以建成后的联邦广场很快就成为旧金山最成功的商业中心区。

二十世纪中叶之前，由于二战的动乱，世界很大范围内的建设活动都停滞不前，这之后一些私人领地的屋顶绿化才逐渐开始建设。也正是在这个时期，西方立体绿化的概念开始传入中国，最早始于屋顶绿化。事实上中国到这个时期才有关于立体绿化的记载和应用，有一个很重要的原因：古代的中国建筑以木构和坡屋顶为主，不适合种植植物，且木头容易受潮被腐蚀。直到二十世纪，受西方建设思潮的影响，且钢筋混凝土房屋大大提升了建筑的承重能力，中国的立体绿化才初见端倪。1906 年位于上海的汇中饭店在改建工程中，建造者对屋顶进行了绿化，并在两侧分别建了两个巴洛克风格的凉亭以欣赏外滩风景。这一新潮的设计不但提升了饭店的档次，还吸引了更多的游客。

二十世纪中后期，立体绿化的生态效益、经济效益和景观效益等综合效用在西方国家的城市建设中被广泛重视。西方国家还出台政策法规鼓励各种类型、规模的立体绿化，从而大量出现屋面种植。发达国家，如德国、美国、日本和韩国等，在立体绿化方面已经积累了几十年经验，另外在立体绿化技术方面已经达到了世界领先水平，包括防水技术、灌溉系统、排水系统、过滤处理、基质培育、植物配置等，相关配套设施日趋完善。

第二节 新型绿化的现状

1. 国外新型绿化的现状

立体绿化在国外经过漫长的发展过程，取得了较高的设计和建造水平。近现代，造园技术水平的提高及现代审美的需求推动了立体绿化的审美功能和使用功能的结合。1959年，位于美国加州奥克兰市的一座车库建造了屋顶花园，解决了屋顶结构负荷、覆土深度、植物选择以及用水灌溉等难题，还研究了高层抗风及与其他高层建筑视线景观方面的实际问题，被视为建筑技术与园林艺术融合的典范。1986年，法国植物学家帕特里克·布兰克建造了自己的第一个"垂直花园"，此后两年他为自己的"垂直花园"设计申请了专利。[①]帕特里克热衷于把自然的绿色环境带到人们生活的城市中，在世界各地都能看到他的作品，其中最具代表性的是巴黎布朗利河岸博物馆（图1-3），用一种柔性的方式巧妙地把自然景观要素融入生硬的建筑中。他的一生创作了超过150个绿化作品，受到世界各国的普遍关注。

（a）　　　　　　　　　　　　　　　　（b）

图1-3　巴黎布朗利河岸博物馆

图片来源：http://blog.sina.cn/spool/blog/s/blog.html

　　立体绿化的发展伴随着相应的政策法规的出台也日趋规范化，主要集中在发达国家，如德国、日本、新加坡和美国等，其他国家虽然起步较慢但也相继发展起来。作为全球公认的立体绿化设计及相关技术领先的德国，1867年组织开展了关于"建筑物大面积植被化"的研究。二十一世纪中期，德国政府就提出用屋顶绿化的方式补偿由于建造建筑带来的环境破坏，极力推崇屋顶绿化，在这个领域投入了大量的人力、物力并且取得丰硕的研究成果，对今天仍然具有指导作用；1982年，景观研究发展建设协会针对性地拟定了《屋顶绿化指导原则》，其中对屋顶绿化的设计、施工提出具体的指导细则。直至今日，在德国要想顺利通过新建或者改建项目的规划设计申报，屋顶绿化设计是必不可少的，否则不予受理。德国政府还推出诸多鼓励政策，比如建设屋顶绿化的建筑可以减免50%～80%的排水费及获得政府50%～80%的相应工程款补贴，还可以直接向政府申请低息甚至无息贷款。德国1990年已经完成了900万m²的屋顶绿化，仅仅在汉诺威市就完成了50%的立体绿化；直到二十一世纪初，德国有

---

① 高杰. Patrick Blanc 和他的绿色世界［J］. 山西建筑，2011（26）：7.

超过 1 亿 m² 的绿化屋顶面积，屋顶绿化率达到 14%，还有很多建筑立面也采用了立体绿化。

　　日本的城市立体绿化从二十世纪末开始逐渐发展起来，以"新空间绿化"的形式出现且投入到大量的设计实践中，有垂直绿化，屋顶绿化，墙壁绿化以及阳台、窗台绿化等，屋顶绿化技术更为成熟；另外，立体绿化与建筑设计融合的成果较多。在立体绿化技术方面，研发了人工土壤、自动引水装置等新技术。1991 年东京制定了城市绿化法，正式将立体绿化与立法统一起来，其中规定在做大楼设计时，需有绿化计划书，这一系列规范化措施使得东京这座高密度城市不断向绿色城市迈进；1992 年制定的《都市建筑物绿化计划指南》，更具体地规定了城市建筑物绿化的操作，由此引发了一场都市绿化运动，该运动是由东京建设、造景等 48 家公司组成的高档天台开发研究会率先兴起的，并得到了东京都政府的大力支持；2000 年，为应对日益凸显的城市热岛效应，日本政府采取了多项举措，其中一个对策是选定东京、名古屋、京都、大阪、川崎、仙台等大城市作为立体绿化试点城市，并要求各地方政府在这方面做出积极努力，对城市建筑物实行屋顶绿化；2003 年舆水肇在其专著《建筑空间绿化手法》中深入探讨了建筑绿化的原理和手法，同时详细研究与建筑立体绿化相关的施工技术，并结合大量实际工程做法进行讲解。大阪难波公园就是这个时期立体绿化研究和实践探索的成功案例（图 1-4、图 1-5）。

图 1-4　大阪难波公园全景图

图片来源：http://www.gkstudio.com.cn/Dvbbs/dispbbs.asp?

（a）

（b）

图1-5　大阪难波公园局部
图片来源：http://www.gkstudio.com.cn/Dvbbs/dispbbs.asp?

著名的花园城市新加坡，历来重视城市立体绿化。新加坡总能适时地调整环境整治目标和环境绿化措施，从二十世纪六十年代开始，政府就倡导对特殊空间进行绿化，建设生态平衡公园等有益于城市可持续发展的景观治理措施，并设计科学的目标（用实践来检验），尽管其国土面积不大，政府仍然坚持用建设用地的10%来建造公园和自然保护区；七十年代之后相继出台《公园与树木法令》《公园与树木保护法令》等法规，可见政府在环境整治、提高全民绿化意识等方面很重视。不仅如此，各部门还能做到各司其职，相关部门要承担相应的责任，乱砍滥伐的行为被严令禁止，任何破坏绿化的行为都要受到法律的制裁。经过几十年的努力，从卫星影像图上看，新加坡几乎遍地都是绿色（代表植被）和黄色（代表建筑）。皮克林宾乐雅酒店称得上是新加坡近年立体绿化新形式应用的典型代表（图1-6～图1-8）。

图 1-6　皮克林宾乐雅酒店立体绿化

图片来源：https://airows.com/lifestyle/parkroyal-on-pickering-hotel-singapore

图 1-7　皮克林宾乐雅酒店立体绿化细部

图 1-8 皮克林宾乐雅酒店室内观赏效果

波兰凭借立体绿化优势把华沙建设成为全球人均绿地面积第一的首都，人均绿地面积为 78 m²。巴西因为空心砖技术的应用，大力发展"生物墙"，能够在空心砖里放入种子、土壤和肥料，配合灌溉系统，进行立体绿化。

事实上，大部分经历工业化浪潮的欧美国家，工业发展导致的环境污染问题是共性，环境整治速度跟不上工业发展的步伐，出现了大量的重度污染城市，十九世纪的雾都——伦敦就是一个典型例子。伦敦政府不得不重视污染治理，开始提高城市绿化面积，在城市建设过程中有意识地增加绿化面积。现在的伦敦空气质量逐年好转，"雾都"这个称号已经名不符实。在不增加绿化占地面积的情况下提高城市绿化覆盖率，就要发展立体绿化，比如修建屋顶花园，进行垂直墙面、阳台和居室绿化等。[1]

2. 国内新型绿化的现状

中国改革开放之后，高层建筑像雨后春笋般拔地而起，一些"空中花园"也随之出现在大众的视野中，尤其是北京、上海、深圳、广州等一线城市。

国内真正系统地开始立体绿化相较于国外比较晚，二十世纪六十年代，我国对立体绿化在岩壁、挡土墙中的运用做了初步的探索，到了二十世纪末才在立体绿化的更多领域展开。1996 年，深圳大力推行公共绿地垂直绿化，到 2002 年，深圳市已经有超过 40 座立交桥、部分人行天桥以及护坡的立体绿化率接近 100%，总绿化面积超过 42 万 m²，各类攀援植物总量超过 50 万株。2004 年，国家发布《国务院关于深化改革

---

[1] 傅徽楠. 城市特殊绿化空间研究的历史、现状与发展趋势 [J]. 中国园林，2004（Ⅱ）：23-28.

严格土地管理的决定》，旨在鼓励和推广城市建设中加入屋顶绿化和立体绿化。从此北京大力推进城八区旧建筑屋顶绿化，截至 2007 年，北京城八区内 23 万 m^2 的屋顶变成了"空中花园"。2010 年，国家颁布《国家园林城市标准》，以法规形式正式把"立体绿化"纳入园林城市指标体系中，其中对国家园林城市的立体绿化的推广制定了鼓励政策、技术措施和实施方案等，强调实施效果要明显，这一项措施带动了国内很多省市纷纷响应并出台相关地方法规条文，用以鼓励立体绿化的建设（表 1-1）。

表 1-1 国内城市出台建筑立体绿化的政策规范及说明

城市	政策规范	说明
北京	《关于推进城市空间立体绿化建设工作的意见》（2011） 《北京市屋顶绿化规范》（2005） 《北京城市环境建设规划》（2004—2008）	规范屋顶绿化设计，鼓励建筑立体绿化
上海	《上海市静安区屋顶绿化建设实施意见（试行）》 《关于 2008 年阁行区开展立体绿化建设的工作方案》 《上海市屋顶绿化技术规范》（2008） 《立体绿化技术规程》（2014） 《绿墙技术指导手册》	规范屋顶绿化设计，鼓励建筑立体绿化，部分地区强制执行
深圳	《深圳市屋顶美化绿化实施办法》（1999） 《深圳市农业地方标准屋顶绿化设计规范》（2009） 《深圳经济特区绿化条例》（2016 修订） 《深圳市桥梁立体绿化设计指引（试行）》（2017）	规范屋顶绿化设计，鼓励新旧建筑立体绿化，鼓励路桥立体绿化
广州	《广州市城市绿化管理条例》（1997） 《关于大力开展建筑物天台绿化美化工作的通知》（2002） 《广东省立体绿化技术指引（试行）》（2015）	鼓励公共建筑天台绿化
杭州	《关于大力发展屋顶绿化垂直立体绿化的请示》（2016） 《杭州市区建筑物屋顶综合整治管理办法》（2011） 《垂直绿化种植及养护技术规范》（2017） 《建（构）筑物立体绿化实施导则（试行）》（2017）	屋顶绿化与建筑设计、施工、验收同时进行，鼓励立体绿化
成都	《蓄水覆土种植屋面工程技术规范》（1994） 《成都市屋顶绿化及立体绿化技术导则（试行）》（2005）	规范屋顶绿化技术，推进城市空间立体绿化
天津	《天津市屋顶绿化技术规程》（2005）	鼓励规范化屋顶绿化
重庆	《重庆市立体绿化技术规范》（2008）	鼓励社会单位和个人进行立体绿化
西安	《西安市推进城市屋顶绿化和垂直绿化工作实施意见》（2011） 《西安市城市绿化条例》（2013）	规定立体绿化面积任务，对部分建筑强制执行，并开发地下绿化

（续上表）

城市	政策规范	说明
温州	《关于屋顶绿化建设的若干指导性意见》（2011） 《温州市立体绿化技术指导性意见》（2012）	为立体绿化设计、施工技术和养护管理方面提供指导意见
扬州	《城市立体绿化技术规范》（2013）	全面提出立体绿化建设要求，推动立体绿化发展

即便已经出台了众多规范条例，但是我国的立体绿化发展仍很缓慢，可以说设计和技术还未成熟。有些城市虽然出台了地方性技术指引，但是在实际应用的时候仍得不到重视，原因是国家在这一领域还没有政策出台。简而言之，就是从国家到省再到地市还没有形成一个系统的组织架构，缺乏推广的力度。另外，立体绿化结合建筑设计、桥梁设计、景观设计等研究欠缺、应用性不强等问题依然存在。

在立体绿化技术层面，我国的立体绿化大多数是简单利用攀援植物进行墙面绿化，通常攀援植物在自然生长状况下能够向上攀附 20 m 左右，还可利用吸盘自由攀附，对墙体的设计没有特殊要求；不能自然攀附的，在外墙增设辅助设施牵引其攀援，例如将钢丝或尼龙绳网固定在外墙上供植物攀援，但立面绿化只能采用攀援类植物，限制了植物类型的选择。这就催生了另一类墙体种植技术，种植包囊技术就是其中一种：先在地面上进行种植，再将包囊悬挂在墙上，因此就不用在墙上设置特别的支架来方便工人施工，非常容易达到预期的绿化效果。另外，还可以根据客户的需要来实现季节性绿化、暂时性绿化或广告性绿化，促进了园林业的多样化发展。还有一些垂直绿化的组合构件，可以任意组合成各种形状。由于这些技术的发明及应用，墙面绿化的种植材料得以大大丰富。[①]

近几年我国大力发展立体绿化技术，尤其是屋顶绿化技术，如人工轻质种植土、屋面排水板、自动喷灌、保水剂和控制植物生长等开始被业内认可，屋顶绿化也由早期的简单铺设地被，向亭廊花架、乔灌草等多层次景观空间发展。

3. 广州地区新型绿化的发展现状

作为改革开放的前沿城市，广州在立体绿化发展方面有着其他城市无可比拟的优势。广州在城市立体绿化景观建设上较早受西方思潮的积极影响，相较于国内其他城市算是很早就开始了立体绿化建设的实践，针对立体绿化的研究课题也展开了长时间的调查，实践方面已经产生了一批成功的立体绿化案例。总的来说，广州对立体绿化的建设投入很大，且速度快，效果明显，从街道空间、公共活动空间（广场、公园、

---

① 罗咏. 认识城市立体绿化，发展屋顶绿化［J］. 科技资讯，2009（7）：67-71.

学校等）（图1-9）到私人的庭院、阳台（图1-10）等，都反映了广州立体绿化的景观艺术水平和技术水平。

（a） （b）

图1-9 广州某学校操场护栏立体绿化

（a） （b）

图1-10 私人阳台、庭院绿化

广州市"三旧"改造试点工程——白云山下的"城市客厅",引入立体绿化设计概念,项目由一个旧茶厂改造为商业设施用地,总用地面积将近 7000 m²,将改造为集办公、酒店、购物、餐饮于一体的地区级商业中心,目标是打造立体绿化中的共享空间——城市客厅。

在立体绿化的应用场所、植物配置和布局形式上,现在的广州还是有很多不足的地方,立体绿化在整体中的比重仍然不高,这和广州的地理条件、人文环境以及政策环境有直接的关系。2009 年,广州市启动青山绿地、迎亚运等重点绿化工程,在通往亚运场馆的必经之路的主干道、场馆外围及其他重要景观节点,推进实施出入口绿化、公路林带、城区外围新农村绿化等 65 项工程建设,改造和新增的绿化面积共计 1300 hm²(1 hm²=10000 m²);全年改造和新增绿地 155 万 m²,建成区绿化覆盖率达 38.21%。

第三节 存在问题

1. 国内新型绿化发展普遍存在的问题

前面所述的北京、上海、深圳等地作为全国经济发展的领头羊,在政策法规、城市景观建设方面有一定的代表性,下面主要针对这类大城市在立体绿化建设方面出现的共性问题进行分析,以明晰全国在立体绿化建设发展方面所产生的阶段性问题,对广州市立体绿化展现自身的城市特色有一定促进作用。

(1)如今存在立体绿化和城市规划、建筑设计脱节的现象,城市规划院和建筑设计院虽然也设立了景观设计部门,但是景观设计部门往往是在规划方案设计好之后才介入的,并未参与前期的规划工作,景观设计发挥的空间有限。对很多办公建筑、商业建筑及其他市政建筑,这一问题更严重,往往是在建筑设计以及完成之后,景观设计只能在建筑空间之外见缝插针,并未参与建筑的一体化设计。

在建筑设计方案中少有预留立体绿化空间。有些开发商顶多考虑一些能够带来经济价值的绿化空间,对公共休闲空间的绿化作用考虑不足,在方案设计阶段就没有为立体绿化预留合适的空间,导致在建筑建成之后只能做少量屋顶绿化和地面绿化,垂直绿化和室内绿化鲜有涉及。

建筑外观设计没有考虑与立体绿化结合。常见的高层商务建筑立面表皮材料有玻璃幕墙、铝板、大理石等,冰冷的现代建筑材料给我们的直观感受就是缺乏自然的考虑,设计形式单一。例如,北京长安街、建国门和燕莎使馆区的中心交汇区的办公楼,上海陆家嘴、徐家汇、南京西路的办公楼,深圳市深南大道、福田中心区的办公楼。这类办公楼建筑高度较高,一般的立体绿化做法并不适用,高层建筑的立体绿化需要借助辅助构件和种植槽等进行,这个在建筑设计阶段就应该与立面结合设计。当然高层建筑的立体化建设成本和维护成本相对较高，这也是开发商不愿选择立体绿化的主要原因之一。墙面立体绿化的辅助构件设置在至少几层楼的高空中，既不能影响建筑内部的使用，又不能对室外空间的安全造成威胁，这对建筑墙面及其构件的要求是非常高的，要攻破防渗漏、控制载荷等技术难题，还要有防高空坠落，以及考虑女儿墙高度设计等安全问题，这种高成本的设计让很多开发商避而不谈。

（2）立体绿化空间忽略人的体验。推广立体绿化的目的就是给人带来更舒适的空间体验，而不单是出于形式上的美感，更多的要服务于日常使用功能，做到以人为本。

有些办公建筑的绿化空间过于隐蔽，如深圳英龙大厦的屋顶绿化位于大厦顶楼，作为有28层楼高的集商业、办公、公寓等功能为一体的综合写字楼，可上人的屋顶花园对整栋楼的服务范围是不够的，对于低楼层的住户来说太远了，且高层电梯仓、空调机房等会产生较大噪声的设备都位于楼顶，这将大大影响人们的观赏兴致。有些地方虽然设计了露台、屋顶花园等公共活动空间，但是因为位置选取不当或者景观设计没有因时因地考虑，导致使用率不高，最后成了一个景观摆设，没有发挥出立体绿化应有的休闲功能。例如某些高层办公楼的多层裙房，有很好的条件可以给办公人员提供一个活动放松的休闲空间，但是绿化设计却不如人意，植物配置单一、平面化，当员工在此活动时被高层塔楼办公室的人一览无余，毫无隐私可言，导致没有人愿意在这里逗留。

（3）植物配置不科学。立体绿化景观效果很大一部分取决于植物的生长状况，不同地方的气候环境不同，绿化植物的选择也要因地制宜。有些立体绿化的景观设计追求短期的视觉观感，忽视植物的生长天性，导致景观效果的持续时间不长，并且这类逆植物天性生长的景观会加大后期的维护难度和维护成本，一旦维护不到位，就会成为景观设计中的败笔。例如屋顶绿化中设计小水池和汀步搭配富韵竹，富韵竹生长状况良好的时候固然富有韵味，婀娜多姿、倩影相扶，但是富韵竹是喜阴植物，栽植在屋顶的富韵竹常年受到阳光暴晒，生长状况自然不好。

有些立体绿化的植物选择不科学，片面追求奢华的视觉效果，大量选择洋花洋草或者娇贵树种，养护难度大，景观效果的持续时间不长。例如芦苇，本身是多年水生或者湿生的高大乔草类，主要生长在内蒙古草原地区、东北平原地区、华北平原地区和新疆河谷地区，是北方常见的水生植物，虽然可以盆栽引种到南方，但如果它与其他植物的养护周期一样的话，一年后就能见分晓：芦苇长势衰败，枝叶萎蔫倒伏。

另外，植物搭配不协调，品种单一。立体绿化的先行者德国，在设计简单的非上人屋顶绿化时，常常采用多种景天科植物搭配种植，对颜色的设计变化多样，讲究植物肌理的组合，具有很强的观赏性；我国的屋顶绿化，色彩单一，缺乏植物肌理的搭配，一旦出现病虫害，全部屋顶绿化都要遭殃。

2. 广州市内新型绿化存在的问题

（1）公共领域的立体绿化效果欠佳。相较于公共领域，私人领域的绿化如住宅区、室内露台等的立体绿化效果明显较好。私人领域的绿化一般局限于住户使用，有归属感，并能得到较好的维护。而公共场所，特别是没有经济效益的立体绿化，很多都是应付式的随意建设，缺乏整体的设计和一定的资金投入，缺乏管理维护，景观单一，观赏性不强。总的来说，公共场所立体绿化的建设投入远不及私人领域。

（2）立体绿化设计大同小异。植物搭配趋同，没有特色。地面绿化多数使用大叶榕、细叶榕、大王椰子、白玉兰、绿化芒果树、桂花、美人蕉、大花紫薇、凤凰木、紫荆等常见树种，搭配大片草坪地被，周围加上篱笆或福建茶绿篱，再配以各色花卉组成的标准几何或对称图案；立交桥、立体花坛等设计手法也较为单一。

（3）外来植物喧宾夺主。乡土树种是为适应当地地理气候条件而广泛栽植的植物种类，外来植物虽然能引种，但耗时耗力，还可能对城市生物群落构成威胁。现在有很多本土的花草苗木仅仅限于在城市道路中使用，在广场、公园等人流密集的场合却很少栽植，反而大力引进洋花洋草。

（4）大草坪问题。立体绿化景观的设计应朝多层次、立体化发展，以多样的乔灌木为主要植物，并搭配花草地被植物或者水生植物等，形成丰富的生态群落才能取得良好的生态效果。但是现在很多立体绿化的建设盲目追求景观的视觉冲击，忽视了更为重要的生态问题，导致绿化面积虽然大，但是平面化、草坪化严重。这会带来更多的问题，比如绿地建设结构单一、功能简单，稳定性差、容易退化，导致后期维护费用高等。

（5）住宅房屋缺少立体绿化。现代城市，人们消费能力不断提升，对居住环境的要求也更为苛刻，那种仅仅提供居住空间的老街区已经越来越不能满足多数人的需求，他们更愿意选择绿化环境优良的住宅小区。正是这类需求，催生了开发商打着花园小区、生态小区、园林小区等旗号进行炒作，尤其以新潮的立体绿化作为卖点，以吸引消费者的眼球。但事实上很多开发商只针对公共场所的立体绿化进行设计，对于使用范围更广、使用率更高的小区阳台、屋顶、露台等空间的立体绿化没有进行统筹安排，即便是一些高档楼盘也做不到把立体绿化从户外引进室内。

（6）政府重视程度不够。广州立体绿化建设基本上停留在绿化城市的层面，离美化城市的距离还很远。主要的原因在于政府对立体绿化的建设重视度不高，投入的建设资金有限。如今，面对创建国家森林城市、园林城市的艰巨任务，不仅要把绿化的"量"提上来，更要保证绿化景观的"质"。这要政府出台相关政策来支持，还要加大宣传力度，促使官民合作，并投入足够的资金进行统筹设计、施工、管理和维护等，促进广州建设成为真正的园林城市。

第四节　新型绿化形式

为了改善生态环境和创造更宜居的城市，在世界各国的城镇建设中，立体绿化受到青睐。

巴西的首都巴西利亚就有法规明文规定，没有绿化设计的房屋建设项目不得批准实施，新建建筑物四周有裸土的不得验收，同时要求花圃、草坪、绿篱等一应俱全，由大约10个公寓楼组成的居住小区必须有小花园、灌木墙和草坪等绿带环绕。

在澳大利亚首都堪培拉，新建筑不允许建造围墙，而机关单位为了掩蔽办公场所，通常会用高大的合欢树和桉树等筑起一道绿墙屏障；每个国家的大使馆，会用本国的特色花木修筑漂亮的绿篱；独门独户的两层院落式住宅，政府会提供免费的苗木供居民建设院内的小花园，通常是用蔷薇、珊瑚树、梨树和仙人掌等筑起矮墙，再配以各色花草；悉尼和墨尔本等城市多以法国梧桐和樟树筑绿篱围墙作屏蔽，常绿树种和落叶树种适当搭配。

美国华盛顿流行门庭绿墙。门庭垒墙的材料是用填满泥土的空心塑料，砖孔向外，种花草、蔬菜。这些植物发芽出苗后伸出墙外，沐浴阳光，弯曲向上生长，形成绿色墙壁；各种花朵竞相开放，茄子、辣椒、葫芦等瓜果挂满墙面，十分美观。凡是构筑这种绿墙花庭的服务单位，来客特别多，生意格外兴隆。

新加坡作为世界上城市绿化率最高的国家，国家法律规定住宅花园不得筑起围墙，以供路人观赏，且绿地应占住宅总面积65%以上；在候车棚、电线杆周围、天桥等场所都要种植攀援类藤蔓植物，形成层次丰富的立体绿化景观。例如，由31个公寓单元组成的交织大楼，各单元楼之间共享着8个大屋顶庭院，相互交错的公寓楼营造出大量的户外活动空间，形成一种怡人的梯台式花园布局（图1-11、图1-12）。

图1-11　新加坡交织大楼全景图

图片来源：大卫·弗莱彻《空中花园》

（a）

（b）

图 1-12　新加坡交织大楼局部

图片来源：大卫·弗莱彻《空中花园》

日本人多地少，城镇房屋密度大，尤其是商业、办公等建筑周围缺乏绿化所用土地，为节约用地，日本研究了一种特殊的立体绿化形式，把用建筑材料制好的壁网框架浸泡在水里，让苔藓类植物在上面附着繁衍，一段时间后再打捞上来，形成一种神奇独特的预制件，安装到建筑物需要部位，形成绿色墙体，如大阪 Marubiru 大楼商业区立体绿化（图 1-13）。

（a）

（b）

图 1-13　大阪 Marubiru 大楼商业区立体绿化

图片来源：高迪国际出版香港有限公司编的《会呼吸的墙》

此外，在世界各个角落，都会有一些颠覆传统的新型立体绿化形式，比如荷兰鹿特丹堤坝公园的立体绿化（图1-14）、伦敦埃奇韦尔路地铁站植物绿墙（立体绿化）（图1-15）和印度巴厘岛停车场大楼屋顶绿化（图1-16）等。

（a）
（b）
（c）

图1-14 荷兰鹿特丹堤坝公园立体绿化

图片来源：大卫·弗莱彻《空中花园》

图1-15 伦敦埃奇韦尔路地铁站植物绿墙

图片来源：《景观实录》编辑部《景观实录·都市垂直花园》

（a）

（b）

图1-16 印度巴厘岛停车场大楼屋顶绿化

图片来源：维拉·斯卡兰《建筑墙面绿化》

第二章 立体花坛

第一节 立体花坛的概念及设计

立体花坛最早出现在欧洲，就是在高出地面一定高度，将不同特点的小灌木或者草本植物等栽植在二维或者三维立体钢架构件上，由骨架、植物、基质等材料所形成的植物造景立体造型。它是一种灵活多变的构图形式，并且便于安装及拆卸，是一种广受欢迎的艺术主题表现形式，也是一种复合型城市园林艺术装置，能够较好地满足当代城市景观美化的要求，在世界园艺领域有较高的地位，被赞誉为最有生机和活力的"花卉雕塑"。立体花坛色彩绚丽、主题鲜明，能够把生硬的雕塑造型同柔美的、富有生命力的花卉园艺结合起来。立体花坛在绿化美化环境、拓展绿化空间、防治大气污染和改善生态环境等方面具有重要意义，已经成为很多国家城市绿化美化的组成部分。在欧美发达国家，立体花坛已经相当普遍，从大大小小的公园到街头巷尾的公共绿地，随处可见。而我国，直到20世纪80年代后，才开始利用立体花坛来造景，最初是在北京天安门空旷的广场上。这一习惯延续至今，近十年来每年在北京天安门广场高调亮相的立体花坛景观无不令人惊叹（图2-1）。近几年，中国各大城市的闹市街

图 2-1 十九大期间花团锦簇的天安门广场

图片来源：https://www.huitu.com/photo/show/20131001.html

头也开始大量涌现立体花坛，通常是为节日或大型活动的场地装饰，还有在各地举办园艺博览会和立体花坛大赛等，都有力地推动了立体花坛理论研究和技术的发展①。

立体花坛有二维和三维两种形式。二维立体花坛又叫标牌花坛，是把花坛做成距地面有一定高度的或垂直或斜面的广告宣传牌样式，一般为单面观赏。三维立体花坛可四面观赏，是由骨架结构、介质、介质固定材料和植物材料共同组成的立体造型。骨架结构可分为主体部分和底座部分，其中主体部分由轮廓骨架、网格骨架和结构骨架三部分组成（图 2-2）。依据表现形式，三维立体花坛又有造型花坛和造景花坛两种形式。②

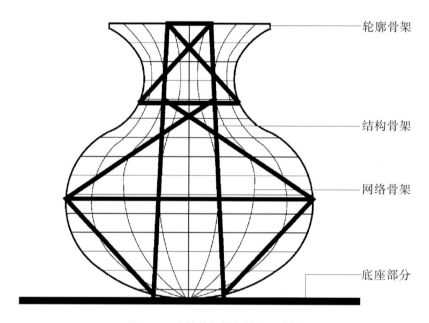

轮廓骨架

结构骨架

网络骨架

底座部分

图 2-2　立体花坛骨架结构示意图

1. 立体花坛的类型

早期的立体花坛分为：绢花花坛、红绿草花坛、草花花坛③。绢花花坛塑造了艳丽明亮的造型，对立体花坛的颜色进行了很好的诠释，但相对于植物类立体花坛而言，其环保效益较低，缺乏灵动性与生命力。红绿草花坛相比绢花花坛，虽增添了生态的气息，但颜色暗淡、难耐受寒冷环境，如第 22 届广州园林博览会（简称"园博会"），遇到突如其来的寒潮，大面积的红绿草被冻伤。④ 草花花坛则是用色彩鲜艳

① ③ 张阴，李彬彬. 浅谈立体花坛在城市绿化中的应用［J］. 江苏林业科技，2013，40（5）：36-39.

② 韦菁. 立体花坛在城市绿化中的应用研究［J］. 现代农业科技，2010（12）：205.

④ 王伟烈，黄嘉聪，杨迪海. 第二十二届广州园林博览会"垃圾分类之蚂蚁总动员"园圃浅析［J］. 广东园林，2016，38（6）：54-55.

亮丽的草花比如苏丹凤仙花（何氏凤仙）、矮牵牛、鸡冠花等打造的，给人一种新鲜自然的视觉体验，特别是在花儿开得最艳丽的时候。但是草花对生长环境的要求很苛刻，多数需要阳光充足且不耐阴，所以选择前要计算开花时间以获得最佳展出效果。草花的维护成本相对较高，出于这样的考虑，广州地区筛选出了一批适合南方低温气候的五色草花。

立体花坛还可以以花坛覆盖材料不同、组合形式不同、花坛图案纹样不同进行分类：

（1）以花坛覆盖材料来分，分为植物立体花坛和非植物立体花坛。顾名思义，植物立体花坛就是把一年生或多年生的小灌木、草本植物等作为材料栽植在二维或者三维辅助立体构件上所形成的一种园艺造型，且花坛表面植物覆盖率要达到80%以上。因植物栽植方式不同又可以分为直接栽植和组装栽植两种。直接栽植是在辅助构件上填包基质进行插孔栽植；而组装栽植则用卡盆钵床工艺。非植物立体花坛是指先构筑好二维或者三维的立体辅助架构，再用绢花及特殊成品构件等配合或者结合仿植物元素进行花坛构建的一种形式。

（2）以组合形式来分，分为独立花坛和组合花坛。独立花坛是指用单个花坛独立放置在绿地或者园林空间中，形成类似孤植的效果，这种类型的花坛色彩鲜艳夺目、造型别致考究，单个花坛就能取得很好的造景效果，在花卉设计中往往起到点睛之效果。组合花坛是指把造型不同、规格不同的单元花坛进行组合，配合整体展现花坛立面画幅，通常针对某一主题或者表达某一涵义，具有景观连续、视野开阔、丰富多彩等效果；一般在大型园林空间中使用较多，也为了表达某种深刻的主题立意。

（3）以花坛图案纹样来分，分为造型花坛和造景花坛。造型花坛是指根据花坛要表达的主题，以骨架材料和绿化植物创造主题造型效果，具有较好的观赏效果和艺术造型效果，如模仿人物和动物的形态、建筑造型和其他主题造型等。造景花坛是以一定场景画面为依托，用单个或者多个单元造型花坛来呈现特定的园景画面，一般体量较大，也很有画面感，但设计和施工都较为复杂。

2. 立体花坛设计手法

（1）确定主题。有明确主题的立体花坛设计，可以用造型或者园艺图案把主题凸显出来，比如春节立体花坛、奥运会立体花坛、国庆节立体花坛、园博会主题花坛等。不同的主题创作手法往往差别很大。在艺术创作领域，主题往往是一个作品的灵魂，立体花坛设计同样如此，必须有明确的主题，才能更好地运用色彩组合、造型组合和植物设计来突出主题等。立体花坛因设计风格具有鲜明的时代性、地域性、民族性和思想性而具有打动人心的艺术魅力。①

---

① 温红. 如何提升立体花坛设计制作品位［J］. 河北林业科技，2010（3）：79.

（2）造型设计。立体花坛的主题立意同造型设计直接相关，生动形象的造型能够准确地表达深刻的主题思想；造型设计除了外形要生动美观之外，还要考虑设置相关的材料和设施，以满足适合植物的生长等功能性要求。立体花坛的比例尺度等很考究，同样也是造型设计的难点，应综合考虑立体花坛的观赏角度、周围环境、造型特点等。

（3）植物选择。立体花坛是一种特殊的造景表现形式，其附属架构对植物来说也是一种特殊的生长环境，比如说基质较薄（通常土壤层5～10 cm），水分不易保持，立面种植土壤容易剥落，植物生长方向有别于地面栽植等等，恶劣的生长环境给植物带来更高的要求。所以立体花坛除了要具备普通平面花坛花卉的优良性状之外，还要满足一些特殊的要求，比如说在特定的容器中要能生长。植物的色彩、高度、质感等对立体花坛的图案纹样的表现都有影响，不同的花坛形式应选择适宜的花卉植物，比如要表达精细的图案最好还是选择植株紧密、枝叶细小的观叶植物为主，要表现大色块图案时最好选择颜色鲜艳、醒目的花卉植物；同样的非植物立体花坛的表层材料也要根据不同颜色、不同规格的绢花考虑搭配布置。

（4）色彩设计。主色调的确定一方面要和立体花坛表达的主题相一致，另一方面色彩设计要考虑花坛的观赏效果，对于有具体图案的立体花坛，其颜色跨度最好不要太大，除非考虑特殊设计要求。立体花坛通过植物配置来实现色彩的表现，通常借鉴平面花坛的花卉配色方法和原则。

第二节　广州市立体花坛设计与植物应用

1. 广州地区立体花坛发展概述

广州别名花城，因其繁华的花市得名。广州的花市文化可以追溯到明朝以前，因广州市民喜爱花卉得以源远流长。近几十年广州几次大开发建设都比较注重融入花意特色，逐步形成了具有地域性、时代性、民族性的特色立体花坛景观，题材多以岭南文化为主。广州立体花坛发展大致分为三个阶段：萌芽阶段、发展阶段、成熟阶段。

萌芽阶段的立体花坛布置主要用于营造节日气氛，比如春节、劳动节、国庆节等重大节日，在城市大型广场（花城广场、火车站站前广场）、大型公园主入口或者大型运动赛事场馆以二维或者简单的三维立体花坛来表现。

发展阶段主要用绢花，辅以海绵时花，这个时期的立体花坛构架造型不大，绢花色彩艳丽，烘托热烈喜庆的气氛（图2-3）。2006年，广州市首届立体花坛展览以"绿色花城·和谐云山"为主题，在白云山下的云台花园展出了大量造型别致的立体花坛，种类涵盖特大型、大型、中型和小型多种立体花坛，开启了广州立体花坛景观建设的新篇章。

图 2-3　国庆节广州市政府门前的立体花坛

　　成熟阶段以 2010 年广州亚运会（图 2-4、图 2-5）立体花坛为标志，花坛运用新技术、新工艺，达到前所未有的造景效果，充分证明了广州在立体花坛造景技术上已经达到相对成熟的水准，而且全民参与，营造了良好的规模效应。这个时期采用以时花为主、辅以绢花的新形式。2016 年第 22 届广州园林博览会，依托新技术、新工艺、新流程的应用，立体花坛进入了五色草配以穴盘苗时花的全真花时代（图 2-6、图 2-7）。

图 2-4　广州亚运会立体花坛局部（一）

图 2-5　广州亚运会立体花坛局部（二）

图 2-6　第 22 届广州园林博览会立体花坛局部（一）

图 2-7　第 22 届广州园林博览会立体花坛局部（二）

广州立体花坛的应用前景广阔，技术也达到了较高水准，发展态势良好。

2. 广州立体花坛应用特点

（1）广州立体花坛整体具有岭南文化特色。处于改革开放初期的广州，立体花坛的设计题材和政治活动息息相关，比如用政治口号和五角星元素作为素材；之后有了龙凤图案等传统的元素，受到大众的喜爱，选用的素材也慢慢开始丰富起来，出现了动物图案（图 2-8），且为抽象的表现形式。最近几年，以广州地方文化为题材的立体花坛设计被广泛运用，比如赛龙舟、舞狮、市花红棉、岭南传统建筑以及茶文化（图 2-9）等，更有表达幸福美满、温馨祥和等美好生活的抽象题材，表现手法含蓄，极富时代感。

图 2-8　2007 年广州市人民政府庆元旦摆花"鱼"图案

图 2-9　2010 年海心沙亚运摆花"茶具"图案

（2）不断革新的施工技术推动着园艺技术水平的发展。广州立体花坛从单一的二维平面或者仅仅用五色草插制的简单造型向三维全面观赏的立体花坛发展，艺术水准得到较大提高。目前立体花坛更多采用自动化控制，机械化的灌溉系统、LED 灯立体照明技术被运用到立体花坛夜景造景中，打造出了日夜差异化的立体花坛效果，极大地丰富了立体花坛的造景效果。针对广州地区大型市政项目的建设需求，立体花坛的体量也在不断增大，这时候就需要大型吊装、运输等机械设备的加入（图 2-10）。

图 2-10　第 23 届广州园林博览会施工中的大型吊装设备

2012年广州白云国际会议中心西广场的大型立体花坛项目，就是用了大型吊装和运输设备才得以完成的。为迎接广东省第十一次党代会而布置的立体花坛，其主题是"党旗飘扬引前路"，是一项工艺非常复杂的立体花坛工程，从结构的制作安装、泡沫安置、图案定位、插上绢花到维护和清运，还有附属平面花坛的基底的整平、搭建承台和铺设土工布等都有严格规范的流程，加上正值酷暑，广州异常炎热，还要对广场进行降温和保湿处理，以免影响花草苗木的生长和景观效果。施工的最大难点在于，立体花坛主体构架有10 m高，项目组因此做了周密的计划，把工程作业分为预制及现场焊接两个环节，先进行局部铁质构架预制，依靠大型货车把10多t重的构件运到施工现场，再用吊机进行定位及固定，现场有20多名焊工同时焊接。最后呈现出来的立体花坛色彩清新亮丽，主题鲜明，造型富有律动感，广受各界好评。

伴随着微灌溉技术的不断改进，立体花坛养护不再依赖单一的人工灌溉。人工灌溉有一个很大的缺陷，养护人员专业素质参差不齐，水压也难以控制。水压如果控制不好，会破坏花坛的整体造型，从而影响观赏效果。微灌溉技术可以配合立体花坛造型进行灵活安装，拆卸十分便捷，淋洒范围可根据需要精确计算和控制，因此在很多大型广场的立体花坛中应用广泛。[1]另外，种类多样的塑料种植钵应用于立体花坛各种造型的打造，具有便于运输和能够在施工现场快速安装等特点，可以显著缩短施工周期，在短时间内获得良好的景观效果，这也是2012年以来种植钵在广州立体花坛建设中广泛应用的原因。

（3）植物材料丰富多样。广州地处亚热带地区，属海洋性亚热带季风气候，具有温暖多雨、光热充足、夏季长、霜期短（近年多为无霜年）、气温高、降水多、雷雨频繁等特征，全年平均气温为20～22℃，气候怡人，也适合很多花材的生长，传统立体花坛正是以红绿草等为主花材，近年也从国外引进了许多新品种，也开始挖掘本土优质品种，比如鸡冠花（*Celosia cristata*）、矮牵牛（*Petunia hybrida*）、百日菊（*Zinnia elegans*）、何氏凤仙（*Impatiens holstii*）、一串红（*Salviasplendens*）、一品红（*Euphorbiapulcherrima*）、彩叶草（*Coleus scutellarioides*）、三色堇（*Viola tricolor*）、长寿花（*Kalanchoe blossfeldiana*）、四季海棠（*Begonia cucullata*）、银叶菊（*Senecio cineraria*）等，这些鲜艳夺目的花卉极大地丰富了立体花坛的形态和颜色，这在条件有限或者处理复杂的花坛造型时特别适用，配以色彩艳丽、大小不一的绢花可以创造更亮眼的造型。

广州近几年的立体花坛设计出现了不少新颖别致的材料。比如，2013年广州花城广场为迎新春而建设的"吉祥树"主题立体花坛，就用了先进的施工技术和新颖的材料，以四季桔（*Citrus mitis*）和朱砂桔（*Citrus reticulata* 'erythrosa'）为主要植物素材，制作了一个高达13m的大型桔树，以桔树为主题的立体花坛在广州地区还是第一

---

[1] 李强年. 城市绿地的微灌技术及工程应用［J］. 甘肃科技，2007（11）：150.

29

次出现。"吉祥树"是由 3500 盆小金桔树堆叠在巨大的圆柱形构架上制成的，配合微灌溉技术和全方位立体照明技术，使得这颗"吉祥树"成为春节期间一道亮丽的风景线。

3. 对广州立体花坛建造的建议

以北京为代表的北方地区立体花坛造景体量大、气势足，而广州地区的立体花坛受限于场地规模和文化传统等因素，体量多数偏小，更注重表现细节，以静观静赏为主要欣赏方式，辅以动态浏览。广州未来立体花坛的发展要注意以下方面：

（1）拓宽设计思路。广州岭南地域文化是广州人的宝贵财富，应赋予其时代精神加以传承，立体花坛设计立意上可以突出表现岭南文化。广州城市发展速度很快，城市景观日新月异，立体花坛在变化中求不变，不变的是骨子里的岭南文化，变化的是不断革新的施工工艺，和其他城市景观相融，从而展现广州的整体景观风格。

（2）提高环保生态效益。立体花坛的建设要充分考虑环保生态效益，采用循环使用的环保型材料，减少立体花坛处置后产生的废料。施工中尽量使用硬质构架，减少浪费。设计者应了解本地的气候特征，尽量选择当季时花，延长作品展出时间。

（3）改良施工技术。广州立体花坛施工技术相较于以前已经有了极大的提高，比如微灌溉技术明显优于传统淋洒技术。但要充分供给植物水分，还要更精细化地改良，有些造型较高的立体花坛，供水达不到顶部植物的现象常有发生，需要进行供水系统改造。LED 立体照明技术虽然已经初步运用在立体花坛中，但是安全性还未能得到保障，亟待同其他施工技术相配合。

（4）选取本土化植物。应以选择本土优势品种为主，引进物种为辅。因本土花卉苗木不但在生长习性上很好把控，而且是我们所熟悉的物种，倍感亲切。采用本土化树种策略，同时大力开发系列栽植产品，使广州立体花坛向市场国产化、本土化发展。另外，不同季节不同节日的立体花坛制作选取的花卉植物应把握好植物花期，使其在节日期间可以充分绽放。这对立体花坛制作的相关技术人员来说是一项不小的考验。广州市节日立体花坛制作可以参照表 2-1 所示植物花期。

表 2-1 广州市立体花坛常用植物花期

品种	1月	2月	3月	4月	5月	6月	7月	8月	9月	10月	11月	12月
莲子草												
香彩雀												
金鱼草												
四季秋海棠												
雏菊												
金盏菊												

（续上表）

品种	1月	2月	3月	4月	5月	6月	7月	8月	9月	10月	11月	12月
美人蕉												
羽状鸡冠花												
醉蝶花												
彩叶草												
波斯菊												
石竹类												
千日红												
紫罗兰												
繁星花												
矮牵牛												
福禄考												
大花马齿苋												
一串红												
万寿菊												
孔雀草												
长春花												
百日草												

注：橙色表示该月为此类植物花期，紫蓝色表示该月为此类植物非花期。

由表 2-1 可以看出，五一劳动节适宜选择四季秋海棠、莲子草、金鱼草、金盏菊、雏菊、紫罗兰、石竹类、矮牵牛、繁星花、长春花、福禄考等花卉植物，而国庆节考虑选择四季秋海棠、莲子草、千日红、一串红、孔雀草、万寿菊、长春花等花卉植物。

第三节 广州立体花坛案例

1. 第 23 届广州园林博览会

第 23 届广州园林博览会以"绿野仙踪、花城逐梦"作为主题，既体现出广州市本土特色，又结合了广州市儿童公园场地本身特殊的性质（图2-11）。立体花坛布局上有诸多亮点，首先平面布局上打破传统的布局手法，以色带、色块、平面花境、花海、多肉植物与鹅卵石结合等手法（图2-12），营造出层次多变、景观丰富的效果。植物布局的创新：草花布置形式主要是色块和色带两种，场地较小时，通常采用小色块的形式，颜色丰富且具多样性；场地较大时，较多采用流线状色带的方式（图2-13），配置过程中有节奏地收放和重复，产生韵律感。草花布置色彩设计通常使用对比色或类似色搭配。对比色应用较活泼明快，深色调间的对比较强烈，浅色调的对比较柔和。类似色搭配在相邻植物色彩不鲜明时可加入白色植物以调和，达到增添明亮度的效果。

图2-11　第23届广州园林博览会立体花坛总体布局鸟瞰

图2-12　第23届广州园林博览会立体花坛与砂石结合的小色块

图2-13　第23届广州园林博览会立体花坛流线状色带布局手法

（1）立体花坛设计手法创新。第23届广州园林博览会立体花坛引进新材料五色草的主要品种有：金叶和绿叶佛甲草、胭脂红景天、塔松等，这些五色草均为景天科景天属植物，材料特点如下。

①多年生草本，叶子细小，精美。

②喜光，耐寒性极强（温度越低，水肥越少，颜色越鲜艳），忌水湿，耐旱性极强。

③生命力极强，生长周期短，可裸根扦插。

第23届园博会立体花坛中成功应用大量五色草，并总结得到其在华南地区立体花坛中的养护管理经验：

①五色草裸苗扦插，刚开始恢复生长阶段，生长缓慢，追加水肥，促进生长，常用含氮比例大的复合肥（恢复生长阶段施肥约15日）。

②五色草恢复生长后，由于生长速度快，为了控制生长，使颜色更丰富、突出，施用磷肥，应控制其他水肥。

③温度越低，颜色越鲜艳；水肥越多，颜色越淡。

植物材料的创新还体现在各种穴盘苗的应用，以扦插苗、穴盘苗为主的栽植工艺和以卡盆为代表的组装工艺不断成熟。联合时花生产企业研发穴盘苗，具有花期长、比较耐用等优点，主要品种有大花海棠、凤仙花、三色堇、圆锥石头花（日本星花）、鹅掌藤（鸭脚木）、银叶菊等。穴盘苗使得花卉可以在很小的种植面积内开花，成为制作立体花坛的基础。

基于广州得天独厚的气候和环境，立体花坛应用热带亚热带植物，进行多种搭配，体现岭南特色。在龙舌兰科、凤梨科、仙人掌科等沙生多肉植物应用方面进行创新；在花境植物配置上，选择玉带草、斑叶芒、细叶芒、矮蒲苇，以及岭南特色时花，比如芭蕉科、鸢尾科、夹竹桃科、野牡丹科等，打造冬季色彩斑斓的立体花坛。以草花布置的立体花坛搭配多浆多肉植物，更能体现热带和亚热带风情，多浆多肉植物喜光耐旱不耐涝，因此适宜配置于相对较高的地块，通过坡地自然排水；而草花喜光，需水量大，应做好隔水、排水措施，以便能与多肉植物景观巧妙搭配在一起。立体花坛与色块、色带草花搭配时，花坛周边常布置平面草花作为环境衬托，同时还起到提升整体效果的作用。一两年生花卉是平面布置的主要材料，其可用的种类繁多、色彩丰富、成本较低、花期较长、株花量多、彩度高、效果明显，是节日布置花景的重要植物；偶尔也要运用部分球根花卉，如郁金香、大丽花等，这些球根花卉色彩艳丽、开花整齐，形成的景观效果较好。

花境与立体花坛搭配应用也是本届园博会花坛的亮点。花境是欧洲具有代表性的一种源于自然高于自然的花卉应用形式，随着广州在立体绿化方面审美的提升、生态意识的提高，科学、艺术地把花境与立体花坛相融合，能极大丰富视觉效果，更受人们欢迎。立体花坛以花卉色彩、形态、叶形互相参差布置，偶尔点缀玉带草、斑叶芒、细叶芒、矮蒲苇等观赏草增加层次，创造出色彩缤纷、丰富美观的植物组合景观，与传统的广州常用时花花坛相结合，既保留了岭南特色又结合了花境的艺术特色，呈现出良好的艺术景观视觉效果（图2-14）。

图2-14 花境与立体花坛结合

（2）立体花坛施工工艺创新。传统利用植物制作立体花坛的工艺主要是：根据施工图尺寸，焊制搭建骨架，在骨架外部焊制不锈钢网，采用镶嵌式种植方式，选取袋径为 8～10 cm，株高为 10～20 cm 的健壮密集袋苗，脱去花袋，以海绵包裹泥头，把植株插放于不锈钢铁网中，确保植株间不留空隙。① 该传统技术适用于具有流畅直曲线条的大型立体花坛；而对于造型小、转折多、较复杂的立体花坛，则很难进行细节勾勒。

第 23 届广州园林博览会立体花坛是在总结前几届的基础上，对国内外优秀立体花坛考察、分析和研究，探索出的一套操作便捷、科学实用、技术先进、注重细节的工程造景景观。它代表着广州乃至华南地区立体花坛发展的阶段性成果。具体来说其有以下几道生产工序：

①根据图纸效果进行放线（图 2-15），烧焊骨架，运用大功率的烧焊机、空压机、切割机等工具，提高生产率，缩短生产周期。传统做法是先制作轮廓，再制作结构，由外而内制作轨迹，然后运用美特气枪挂包。

图 2-15 工作人员进行地面放线

---

① 王伟烈，黄嘉聪，杨迪海. 第二十二届广州园林博览会"垃圾分类之蚂蚁总动员"园圃浅析
[J]. 广东园林，2016，38（6）：54-55.

②安全网的制作，用气枪打钉将安全网牢牢咬住钢筋，代替传统人工用铁丝或绳子将安全网绑住钢筋，大大提高了劳动生产率（图2-16）。

（a）　　　　　　　　　　　　　　　　（b）

图 2-16　搭建安全网

③把基质泥塞入安全网，用裸根扦插的方式植入五色草，经过一段时间的管养后吊装至现场（图2-17）。该工艺制作采用了新工具、新材料，制作流程成熟简单，可形成标准化和流水线的生产制作模式，生产周期短，在室内外均可操作。3D打印建模技术的运用也是本届园博会新工艺的亮点，创新采用泥雕3D打印建模技术，先将立体部分泥雕出来，再通过3D扫描，辅助电脑软件3DMAX打印骨架结构，然后按模板放大制作，使得花坛骨架加工更准确，各种花坛造型更为逼真。

图 2-17　现场制作

　　广州地区的立体花坛大部分骨架造型粗犷，造型植物以绢花为主，海绵制作的时花为辅，摆地花坛与平面模纹花坛相结合，在骨架造型以及植物造景上，缺少应有的精细度及艺术气息，存在养护水平滞后等技术难题，因此我们应以本届园博会展出的新型立体花坛为契机，推广立体花坛新优植物、新工艺与新技术，使立体绿化发展迈上新台阶。

　　本届园博会花坛总体布局新颖多变，色彩丰富，层次突出；植物材料的应用更具科学性，全面选用五色草以及矮化的 200 孔穴盘时花苗，真正实现了零绢花、100%绿化植物覆盖的立体花坛景观。造景方面第一次采用多肉多浆植物与沙生景观相结合，平面花坛应用多年生草本花卉作花境的造景手法，花境色彩、形态较多样，使搭配的立体花坛取得良好的观赏效果，体现岭南特色。生产工序科学实用、操作方便、注重细节、水准先进，而 3D 打印建模技术更是本届园博会立体花坛新工艺的亮点。

　　（3）植物选择建议。园林博览会是一个城市展现其园林技术水平的绝佳平台，建议尽量减少绢花和假草类非植物材料等的使用，提倡使用可循环利用的生态型环保材料，塑造自然美景。广州冬季大部分时间气候暖和，冬季适宜选用的立体花坛植物种类丰富多样，如时花三色堇、凤仙和石竹等，那些枝叶细小、植株密集、耐水性较好且花相饱满的石竹能取得较好的大色块效果。星星花等常绿植物叶片细密，用来做卡通动物等造型可以获得传统红草和绿草结合的效果。鹅掌藤叶色浓绿、均匀且有光泽，耐光照也耐半阴，是广州立体花坛首选纯绿色植物之一，但是它叶片较大，不宜用来做小造型。实践证明，鲜有冰雪灾害的广州地区，金叶假连翘（*Duranta repens* ‘*Variegata*’）、黄金榕（*Ficusmicrocarpa* ‘*Golden Leaves*’）、红桑（*Acalypha wilkesiana*）等植物一旦遇到霜冻灾害，均会受到不同程度的冻伤，石竹、鹅掌藤等却表现出了较强耐寒能力。

　　总结本届园博会主会场和分会场大量参展作品，推荐表 2-2 所列几类常见立体花坛植物。

表 2-2　立体花坛推荐植物

类　别	植物种类
时花	三色堇（*Violatricolor*）
	香堇菜（*Viola odorata*）
	苏丹凤仙花（*Impatiens walleriana*）
	石竹（*Dianthus chinensis*）
	四季秋海棠（*Begonia cucullata*）
	孔雀草（*Tagetespatula*）

（续上表）

类　别	植物种类
常绿植物	肾蕨（*Nephrolepiscordifolia*）
	萼距花（*Cuphea hookeriana*）
	鹅掌藤（*Scheffl era arboricola*）
	佛甲草（*Sedum lineare*）
	五星花（*Pentas lanceolata*）
	矮小沿阶草（*Ophiopogon japonicus* 'Nanus'）
彩叶植物	红侠粗肋草（*Aglaonema commutatum* 'Red Narrow'）
	银叶菊（雪叶莲）（*Senecio cineraria*）
	锦绣苋（*Alternantherabettzickiana*）

（4）会场其他主题立体花坛实景图，见图2-18～图2-26。

图2-18　百鸟朝凤

图 2-19　金色家园

图 2-20　绿野仙踪

图 2-21　绿野仙踪拱门

图 2-22　梦想起航

图 2-23 妙处生花

图 2-24 珊瑚玉树

图 2-25 莺歌燕舞

图 2-26 莺歌燕舞细部

2. 广州国际花卉展大剧院主会场

广州大剧院是广州新中轴线上的标志性建筑之一，是目前华南地区先进、较完善和较大的综合性表演艺术中心，坐落于珠江新城花城广场旁，毗邻广州国际金融中心CBD（即广州天河中央商务区）总部。广州大剧院和第二少年宫作为国际花卉艺术节的主会场，充分显示出广州要把立体绿化本土特色推到国际舞台的决心。广州大剧院选择了最能体现广州花城特色的花文化作为设计灵感来源，无论是从形式和布局上都融合了花的元素，设计了一系列立体花坛、花墙、花境、花箱来营造花满羊城的花卉艺术节氛围，见图2-27、图2-28。

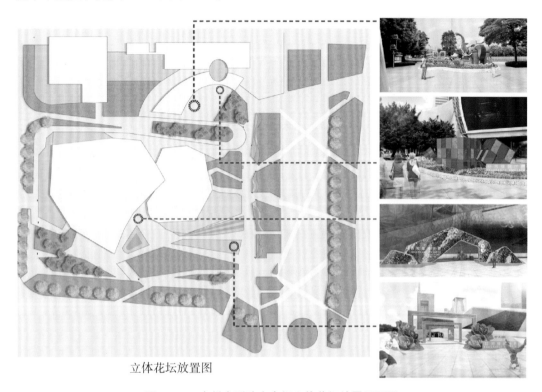

立体花坛放置图

图 2-27　广州大剧院主会场立体花坛放置平面图

图 2-28　广州大剧院入口花墙

广州大剧院的建筑设计比较前卫，光是建筑形体就突破了以往规矩的剧院风格，强烈的不规则折面以及内部大悬梁、大跨度等高难度结构决定了它是一座不凡的建筑精品。本次花卉展的主题绿墙《旋律》就在大剧院二层平台上，充分配合其外观框架形态，运用流线型的种植形式进行布设，花叶植物与鲜花搭配出丰富的色调，宛如旋律一般柔美婉转，使得整面绿墙富有活力与生机。该绿墙采用生态绿墙形式进行打造，苔藓植物、隐花植物、蕨类植物与兰花植物的搭配运用，并加入干树枝与空气凤梨进行点缀，使得整面绿墙宛如一幅天然的图画，充满了艺术气息，为黑白灰规整室内空间增添了生机与活力。运用流线型种植形式的绿墙进行空间围合，采用观叶观花植物进行搭配，使得空间富有生机与活力，并充分体现花卉艺术节的主题，烘托花卉艺术节"芬芳簇拥世界"的氛围，见图 2-29、图 2-30。

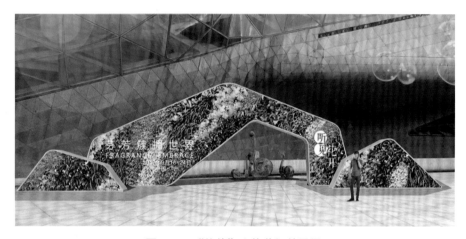

图 2-29 "旋律"立体花坛效果图

图 2-30 "旋律"立体花坛实物图

　　大剧院入口处则以"听见花开"为主题的立体花坛布设，国花牡丹作为视觉焦点，运用阵列分布门框进行布设，使整个景观富有仪式感与视觉冲击力（图2-31）。

图2-31　"听见花开"立体花坛实物图

　　从广州大剧院一直通往少年宫方向的沿路绿地则以花境形式进行布置，广场上运用花箱花钵进行点缀布设，打造色彩缤纷的周边效果，烘托出花卉展以花会友的氛围（图2-32）。

图2-32　可移动的花箱

少年宫会场，首先映入眼帘的是一座以魔方作为主体的立体花坛，不同形式摆放的魔方造型给予花坛"动感"的观赏效果，金属与植物的融合也碰撞出新的艺术火花，百搭周边现代简约的建筑造型，见图2-33。

图2-33 "魔方"立体花坛

移步少年宫广场，会看到一片富有童趣的立体花坛景观，这便是小象的四叶草花园，造型现代简洁的四叶草造型与可爱生动小象的结合，融合了少年宫的环境氛围，给予游人童趣体验与亲切感，见图2-34。

图2-34 小象的四叶草花园

第三章　高架路桥立体绿化

第一节　高架路桥相关概念及其立体绿化形式

1. 高架路桥概念

高架路桥实际上是广义的城市高架桥，主要从功能角度出发涵盖立交桥、轨道交通高架桥、汽车交通高架桥、人行天桥（步行高架行）、建筑物间的架空走廊、管道高架桥等。以下分别介绍高架桥、立交桥、人行天桥以及高架桥立体绿化。

（1）高架桥。高架桥，又称为高架道路，即架设在空中的道路，与地面交通呈立体交叉。[①]高架桥与传统的水上的桥梁应区分开，高架桥是为改善现代道路交通环境而架设的空间通道设施，它可同时容纳多层交通干线，供汽车、火车、行人、轻轨等穿行及安设管道；[②]特指那些为改善现代城市交通而架设的空中通道设施。[③]它有较大竖向高度，是在最开始的跨线高架桥即立交桥基础上逐渐丰富形成的高架道路等。

（2）立交桥。立交桥又称高架桥或立体交叉桥，主要分为简单立体交叉和复杂立体交叉两大类。[④]从二十世纪八十年代开始，随着小汽车的普及，我国的一些大城市纷纷建起了立交桥，以缓解车流密集、交通拥堵的情况。

（3）人行天桥。人行天桥是城市道路中常见的交通构筑物，主要为交通密集地区解决行人过街、人车分流以及方便建筑物之间联系而建设的。国内城市已建的人行天桥多为钢筋混凝土梁柱结构，造型单一，长久以来有"结构安全有余，人文景观性不足"的缺点。[⑤]

（4）高架桥立体绿化。高架桥立体绿化是与地面绿化相对应，在高架桥进行立

---

① 张雷，毕聪斌，李淑艳. 高架道路在城市交通建设中的应用［J］. 辽宁交通科技，2004（4）：34-36.

② 余爱芹. 城市高架桥空间景观营造初探［D］. 南京：东南大学，2005：12.

③ 谭鑫强. 城市高架桥主导空间解析［D］. 大连：大连理工大学，2009：13-20.

④ 王杰青，王雪刚，陈志刚. 苏州城区高架桥绿化现状与桥区生态环境的研究［J］. 北方园艺，2006（3）：107-108.

⑤ 黄锦源. 城市特色景观桥型方案讨论［J］. 中国市政工程，2012（12）.

体空间绿化的一种方法，它利用铁丝网、棚架等辅助设施在立交桥墩基部栽植攀援植物，有防护、绿化和美化等作用。它不仅能增加高架桥的艺术效果，使环境更加整洁美观，而且占地少、见效快、绿化率高。合理地选择和配置攀援植物是搞好高架桥立体绿化的关键。[①]

2. 高架桥空间利用方式及立体绿化形式

（1）高架桥空间利用方式。基于高架桥空间属性和环境特征，人们也在不断摸索充分利用城市高架桥空间的方式，目前主要有休闲利用、绿化利用、交通利用、商业利用、市政利用等几个方面。具体来说，利用形式涵盖停车场、道路交通（公交站）、体育运动场、绿化、商贸经营、广告宣传、市政设施、休闲娱乐等。日本在城市高架桥空间利用上表现出了与时俱进的特点，1968 年日本制定了首都高架道路设施管理章程，其主要规定如下[②]：高架桥下的空间利用必须经过严格规划；但凡造成城市空间中断以及专家学者和管理单位认为不恰当的，该空间不得随意利用；倡导公益性和共同性原则；由道路管理或相关部门使用；鼓励和允许建设的项目有公园绿地、警察单位（一种临时、流动的执法单位）或消防安全设施、停车场及其他交通设施、事务所、仓库、店铺以及其他类似功能。

1961 年以前，美国对高架桥空间的利用方式主要局限于做停车场，1968 年美国国家公路需求报告通过高速公路沿线联合开发（Joint Development in Highway Corridors）方案，制定了高架桥下空间利用的相关规定[③]：城市内的使用不仅要配合当地法规，还需要配合当地环境要求灵活设计；考虑周围土地使用性质，尽可能提高土地利用价值，并制订对应的经费来源方案。这为美国高架桥下空间的积极开发利用提供了一定保障，解决了与城市相关的一系列问题，在一定程度上实现其公共价值[④]，如促使邻近土地更有效地使用，增加了财政税收；很大程度上改善了高架桥周围环境，减弱了高架桥对周边社区的干扰；不仅缓解了交通拥堵状况，还提供了充足的停车场地；为市民创造了更多的休憩场所，提高城市生活品质等。

二十世纪九十年代，北京最早进行高架桥下空间利用实践探索，主要开辟用途为：停车场、汽车销售、租赁、商业、休闲娱乐，甚至还有餐饮服务功能。实践证明，在这样恶劣的环境条件下，餐饮、商业、娱乐等功能并不被大众认可，因而渐渐废止。现阶段还是以绿化功能为主。我国其他城市对高架桥的利用形式主要为绿化及停车场、道路交通、市政利用、休闲场地等。

---

① 徐晓帆，吴豪. 深圳市立交桥垂直绿化植物选择与配置［J］. 广东园林，2005（8）：15-22.

②③ 方溪泉. AHP 与 AHP'实例应用比较——以高架桥下土地使用评估为例［D］. 台中：中兴大学都市计划研究所，1994.

④ U. S Department of Transportation，Federal Highway Adminstration，Bureau of Public Road. Highway Joint Development and Multiple Use［M］. Washington D. C U. S Government Printing Office，1970：119-123.

（2）高架桥空间立体绿化形式。高架桥种类、形式多样，针对高架桥各个部位的立体绿化方式也不尽相同，高架桥立体绿化大致可分为桥体绿化与桥周围绿化。

高架桥桥体绿化又分为桥体墙面绿化、桥体中央隔离带绿化、桥体防护栏绿化和桥柱绿化四个方面。

①桥体墙面绿化。桥体墙面绿化和我们看到的普通垂直墙面绿化类似，也是绿化面积最大的一种立体绿化形式，主要依赖藤本植物的攀附特性或者枝条的下垂特性进行绿化，以增加垂直绿化覆盖率，同时还起到美化桥体和保护桥体的作用，降低桥体因恶劣的气候遭腐蚀的概率，延长桥体的使用寿命。桥体墙面绿化具有占地少、见效快、易养护等特点[①]。

②桥体中央隔离带绿化。桥体中央隔离带一般是长条形的花坛或者花槽，具有分隔道路的作用，可以栽植一些观赏性强的植物加以点缀，也可以选择低矮灌木和草本植物；如果要种植攀援类藤本植物，须在隔离带两侧加上栏杆。常用作中央隔离带绿化的植物有：美人蕉、黄杨、万寿菊和矮牵牛等。植物的选择应注意选用耐受瘠薄、抗旱能力强的浅根系物种。

③桥体防护栏绿化。这是高架桥立体绿化观赏性较高的部分，同样也是桥体最具观赏性的部位。桥体防护栏绿化一般有两种形式：在两旁的侧栏杆设花槽，种上颜色艳丽的花卉，比如矮牵牛、三色堇、一串红和万寿菊；另外可以种植攀援类草本植物，引导植物缠绕栏杆生长，达到防护栏绿化的目的，比如美国地锦和爬山虎等植物。

④桥柱绿化。桥柱绿化最适合垂直绿化，选用缠绕类植物或者攀援类植物，使其依附桥柱生长。也可以利用桥下已有的绿化空间种植攀援或藤本植物，将桥柱或者表面附着物设计为粗糙表面，便于植物攀爬，常用植物有常春藤、五叶地锦、爬山虎和南蛇藤等耐阴植物。

高架桥附属绿地绿化。高架桥附属绿地绿化有两种形式：边坡绿化与桥周普通绿化。

①边坡绿化。通常使用低矮地被或者藤本植物结合草皮对坡地进行绿化，加上灌木类植物以行植或点植的手法来实现美化景观的目的。边坡绿化应选择乡土树种、草本植物为主要品种，藤本和灌木植物为次要品种，选择那些适应能力强、生长快速、植株低矮的植物。适合边坡绿化的常用植物有：结缕草、大花金鸡菊、胡枝子、铺地柏和沙棘等。

②桥周普通绿化。桥周普通绿化有规则式和自由式两种，通常采用"乔—灌—草"结合、"灌—草"结合或者单纯地被的绿化种植形式，手法与普通场地绿化基本相同。植物选择要注意选用那些有较强抗污染能力的乡土树种，考虑高架桥周边环境，还要选择耐干旱、耐瘠薄、耐阴的植物。

---

① 张宝鑫. 城市立体绿化［M］. 北京：中国林业出版社，2003：19.

第二节　高架路桥立体绿化中亟待解决的问题

1. 国内外城市高架路桥发展概况

　　大多数城市高架桥是在原有道路基础上破旧立新建设的，也就是说地还是原来的但是交通扩容了，同时兼备结构简明连续、跨度经济和施工快速便捷等特点，在现代道路交通设施中展现出极大优势而被广泛采用。1928年，美国新泽西州伍德布里奇出现了世界上第一座城市高架桥，一座完全互通式高架桥，每昼夜平均通行能力超过6.25万辆汽车。自二十世六十年代开始，美国、英国还有欧洲地区部分城市逐渐开始建设高架道路；1964年，日本作为奥运会主办方为举办奥运会修建了一批城市高架桥，单在东京市区就有超过一半的快速干道建起了高架桥；1972年，我国台湾也出现了城市高架桥，桥下空间多开辟为商场、小型停车场、消防设施用地、养护单位和居民活动中心等。

　　然而，从二十世纪末期开始，一些发达国家就开始极力反对建设高架桥，与此同时还纷纷拆毁高架桥。例如美国波士顿把1954年建设的中央大道高架桥拆除且将道路埋入地下，原因是这座曾经为了解决交通拥堵问题而建的高架桥带来了环境污染、商业衰败等负面影响，原来的交通问题疏通了，又衍生出了新的交通问题，迫使政府不得不在1971年出台拆除计划，直到1991年这项计划才正式动工，2007年底完工，也就是大家熟知的中心隧道"BIG DIG"工程，这项工程恢复了街区往日的经济活力与宁静安详的氛围。图3-1为"BIG DIG"工程施工前后对比图。

（a）施工前

图片来源：https://www.jiemian.com/article/1028115.html

（a）施工后

图片来源：https://www.blog.9811.com.cn/?action-viewqxue itemid-64672

图3-1　"BIG DIG"工程施工前后对比图

　　在亚洲，韩国首尔著名的清川溪复原工程历时两年半，拆除了覆盖原有河流上年久失修的高架桥，整治并恢复了清川溪（图3-2）的清澈，还营建了滨水生态绿地和休闲游憩空间。此项工程不仅减少了城市热岛效应，重新营造了清川溪自然生态系统[1]，同时还恢复了具有悠久历史的文化遗迹，提升了城市的经济活力、文化品位和国际竞争力[2]。此外，还有美国旧金山市区双层高架高速公路拆除等工程，均是拆除城市高架桥、恢复中心城区活力土地经济效益的优秀案例[3]。从国外高架桥建设的兴衰历史来看，目前总的发展趋势是慎建或少建城市高架桥，这种与我国目前大力兴建城市高架桥大相径庭，应引起我国城市建设者的高度重视[4]。

图 3-2　改造后的清川溪

　　1986 年广州环市路建起我国内地第一座城市高架桥，建成后一段时间确实对区庄至广州火车站线路的车流起到有效的疏通作用，之后仅一年时间又建成了人民高架桥和六二三高架桥，从南北向到东西向打通了旧城区，把广州火车站和人民大桥、黄沙大道过江隧道连接起来，使该区域的交通环境得到全面改善。此后，我国城市高架桥

① 新京. 清溪川的变迁 [J]. 环境经济，2007（3）：60-63.

② 冷红，袁青. 韩国首尔清溪川复兴改造 [J]. 国际城市规划，2007，22（4）：43-47.

③ 王新军，杨丽青. 盲目建造高架现象的经济分析以及国内外对比 [J]. 城市规划，2005（9）：85-88.

④ 殷利华，万敏. "反桥"事件对我国城市高架桥建设的启思 [J] // 中国城市规划学会. 转型与重构—2011 中国城市规划年会论文集. 南京：东南大学出版社，东南大学电子音像出版社，2011：8801-8810.

主要以城市立交为载体，建设风潮辐射至全国各大城市[①]。比如上海已建成内环高架路、南北高架路、延安高架路、沪阂高架路和逸仙高架路等总长达 70 km 呈"申"字形的高架立体路桥网络，是目前国内最完善的城市高架道路体系[②]，有效缓解了市内交通拥堵的局面。由于城市高架桥上的车辆时速一般可达 40～60 km/h，为城市地面平均车速（一般为 10～20 km/h）的 2～6 倍，使高架桥成为安全、快速、高效交通的重要载体。因此各大城市纷纷建设城市高架桥。截至 2000 年年底，北京、上海、广州等国内 20 多个城市已建、在建或待建中的城市高架交通线总长超过 4000 km[③]。

2. 高架路桥立体绿化空间利用难题

从某种程度上来说，高架桥、立交桥等高架路桥建设是城市现代化进程的显著标志，同时也是目前缓解交通问题的有效措施。但是作为城市公共空间的组成部分，仍然存在很多问题。

（1）环境问题。高架桥下空间环境有很多负面影响，集中表现在扬尘、汽车尾气、噪声、采光和振动等方面。由于高架桥的噪声不仅强度大，且不分昼夜，夜间更是严重超标，影响范围广，特别是对高架桥两侧的住宅楼的噪声污染；高架桥路面产生大量扬尘和废气，其中含有大量重金属，铅就是其中之一，超标的铅含量对人体健康特别是儿童身心健康造成巨大危害。王利[④]对上海市 5 条高架沿线灰尘做了测量，发现沿线灰尘的平均 pH 值达到 9.67，呈明显碱性，且重金属含量也为正常水平的 2～10 倍，高架桥已成为城市中非常显著的狭长污染带[⑤]。虽然有些园林植物具有一定的滞尘降尘作用，能够吸附粉尘和有害气体等污染物，但是它们的工作原理是利用叶片表面的绒毛、褶皱和分泌物的油脂及体液来吸附或阻挡有害物质。高架桥周围环境特殊，特别是桥阴空间雨水常年冲刷不到，通风条件也不好，无法及时帮助植物冲洗叶片，严重影响植物健康甚至引起病虫害。

（2）功能问题。高架桥下空间汇集了四面而来的车流，空气污浊，国内也常见由于管理不善导致高架桥下空间成垃圾堆砌场或藏污纳垢之地的情况，加上噪声大、空气差，行人不愿驻足，很难获得有效的利用。高架桥上的行车始终要汇入与桥连接的道路，如果利用不当破坏了车流的连续性反而造成衔接路段的拥堵，引发新的交通问题。

高架桥有车速快、运量大等特点，产生的噪声大且持续，加上在建设过程中对周

①③ 黄文燕. 城市高架路对商业影响研究——以广州为例 [D]. 上海：同济大学，2008：18-45.

② 李阎魁. 高架路与城市空间景观建设——上海城市高架路带来的思考 [J]. 规划师，2001（6）：48-52.

④ 王利. 上海高架道路沿线街道灰尘中重金属分布及污染评价 [D]. 上海：华东师范大学，2007：24.

⑤ 曹凤琦. 城市高架桥建设对环境的影响 [J]. 江苏环境科技，1999（3）：21-24.

边造成影响，增加了人们的心理距离，原沿线街区可达性降低，街道两边的商业、服务业受到较明显的消极影响[①]。武汉市 2010 年通车的珞狮北路高架桥使两边小商铺营业额较建成前一年降低了约 60%，同时近 25% 的酒店、商店关门停业或转让，正在经营的其他商店、餐馆生意清淡，顾客稀少，与建前此街区的热闹繁荣局面形成较大反差[②]。国外很多案例已经充分说明，如果高架桥同中心区城市环境不协调，很容易造成城市功能的退化，加上粉尘、噪声、阻隔等负面影响，直接拉低沿线地价，物业也随之贬值。

高架桥是针对交通拥堵问题而建设的，却带来了新的交通问题。比如阻隔了街道两边行人的联系，隔断了道路两边公共交通等，导致一些高架桥下地面道路的利用率下降。而桥下空间作为高架桥的附属部分，很受制约，桥上桥下每天都承载大量车流，用来绿化的空间实际上很有限；高架桥下净空空间以及被桥体承重结构阻隔划分出的零碎空间与城市其他开敞空间有很大的不同，所以桥底空间也常常是被孤立的空间，因其无法被高效利用而被城市遗忘。

（3）绿化问题。高架桥下的绿化形式单一，植物种类少，通常以满铺常绿灌木为主要手法，并且很多植物生长状况差，严重影响景观效果，同时养护成本高。前文已述，高架桥下空间环境有别于城市其他公共空间，对桥下植物的生长发育存在很大影响。一般高架桥路面宽度 18～25m，有些跨度大的甚至上百米，桥底会有大面积见不到光的地方，日照不足会导致植物光合作用障碍，温度下降；通风不好会滞留污染物，导致植物病虫害；植物附着灰尘会导致气孔密闭、呼吸障碍；降雨不足，土壤干燥，会导致植物分解停滞、生理障碍，发展为萎蔫、根腐、枯损等病症；雨水的冲刷使大气污染物落下，渗透到植物根部影响植物根部呼吸等。

第三节　广州市高架路桥立体绿化设计与植物应用

1. 广州市路桥立体绿化建设情况

广州市区交通繁忙，大部分沿街建筑密集，街道难于拓宽，在城市中心区建造大量的高架桥和人行天桥，既解决城市交通及市民出行问题，同时也为城市的绿化创造了新的空间[③]。广州迎亚运城市道路植物景观改造期间，共完成 200 余座近 180 km 长、面积约 25hm^2（1hm^2=10000m^2）的天桥绿化，形成了极具特色的"百道花廊"

---

① 黄文燕. 城市高架路对商业影响研究——以广州为例［D］. 上海：同济大学，2008：18-45.

② 殷利华. 基于光环境的城市高架桥下绿地景观研究［M］. 武汉：华中科技大学出版社，2012.

③ 李海生，赖永辉. 广州市立交桥和人行天桥绿化情况调查研究［J］. 广东教育学院学报，2009，29（3）：86-91.

城市空中花廊^①。截至目前，广州市区共完成超过 250 座近 230 km 的桥梁绿化建设工程，不仅为广州市评选"国家森林城市""国家园林城市""国家文明城市"以及 2010 年举办的亚运会增添了光彩，更美化了市民的生活空间、突显了花城特色，极大地改善了城市居民的生活环境，还使广州跃居为国内桥体绿化最多且景观效果最好的城市之一。广州主要的城市名片之一就是桥梁绿化。2014 年，广州还专门出台地方技术规范《人行天桥、立交桥绿化种植养护技术规范》，推荐了 13 种适合高架路桥立体绿化建设的植物，这 13 种植物是从众多植物中精挑细选出来的，产地来自全世界，具体的品种包括簕杜鹃、美丽桢桐、马缨丹、龙吐珠、天冬、金银花、软枝黄蝉、吉祥草、凌霄、龙船花、希美利、鸭趾草、黄素馨。它们最突出的特点是观赏期长、色彩鲜艳、可任意搭配，很容易形成大色块绿化景观，在不同季节会呈现不同颜色，十分适合广州的气候。

广州气候怡人，可选做立体绿化的植物种类较丰富。例如，东濠涌高架桥（图 3-3）、新滘立交桥（图 3-4、图 3-5）、先烈南立交桥、天河立交桥、中山一立交桥、东风东立交桥、客村立交桥、建设大马路天桥、湖天宾馆天桥、华泰宾馆天桥、惠福路天桥、五羊邨天桥、小北路人行天桥、新福今路天桥等立体绿化的植物：护栏绿化主要使用簕杜鹃，墙面绿化以缠绕藤本和匍匐藤本为主，除了常见的异叶爬墙虎和薜荔外，其他藤本植物以花色鲜艳的观花藤本为主，如蔓马缨丹、猫爪藤、五爪金龙、金银花、龙吐珠、炮仗花和蒜香藤等，其中大部分植物为外来物种。从整体来看，广州高架路桥护栏绿化比例较高，植物生长状况良好，绿化覆盖面积较大，绿化连续性强，取得了一定景观效果。

图 3-3　东濠涌高架桥绿化

① 朱纯，熊咏梅. 广州迎亚运道路植物景观改造［J］. 园林，2011，3：12-15.

图 3-4　新滘立交桥彩环

图 3-5　新滘立交桥绿化细部

广州市人行天桥绿化多数是在护栏外侧加建种植槽，高架桥和引桥通常是在防撞墙上加建种植槽，以直接种植或套盆种植植物的形式安置于桥面两侧或者引桥的种植槽里。广州市道路立体绿化建设中大量运用簕杜鹃装饰，簕杜鹃喜光、喜温暖、花期长，也便于养护管理，给广州道路绿化增色不少。值得注意的是，在靠近行车道一侧伸展的簕杜鹃要及时修剪，以免其伸入道路影响行驶车辆的安全。在这方面广州市做得很好，并且有明确的地方规范作为约束，《人行天桥、立交桥绿化种植养护技术规范》中就规定了花卉养护负责人每周应至少巡查天桥一次，在台风季节，应逐株检查植株，凡有安全隐患的都应提前绑扎固定等。广州高架路桥的桥面绿化几乎都有簕杜鹃，桥柱绿化也多采用异叶爬墙虎与薜荔的组合，桥阴绿化大面积种植合果芋，或与水鬼蕉混栽。这种绿化设计虽然达到了"百道花廊"（2015年亚运花卉布置项目，其他还有"一线花带""十里花堤""处处花境"）的壮观效果，但是种植手法单一，变化少，如果每条道路都采用同样的手法，很容易造成审美疲劳。表3-1为广州市主要高架路桥立体绿化配置植物。

表3-1 广州市主要高架路桥立体绿化配置植物

高架路桥名称	桥面植物	桥柱植物	桥阴植物
客村高架桥	簕杜鹃	异叶爬墙虎	薜荔、簕杜鹃、合果芋、水鬼蕉、紫万年青、紫竹梅、细叶结缕草等
广州大桥南人行天桥	簕杜鹃、马樱丹	无	簕杜鹃、鹅掌柴、变叶木
广州大桥南引桥	簕杜鹃	无	小叶榕、鸭脚木、红千层、簕杜鹃、红车、金边龙舌兰、鹅掌柴、柳叶榕、龙船花、灰莉等
五羊新城人行天桥	簕杜鹃	无	灰莉、鹅掌柴
中山一立交桥	簕杜鹃	异叶爬墙虎	鹅掌柴、水鬼蕉、合果芋、灰莉、棕竹、大红花、海桐、小叶榕等
天河立交桥	簕杜鹃、希茉莉	异叶爬墙虎	水鬼蕉、合果芋、散尾葵、鹅掌柴、灰莉、海芋、露兜树、澳洲鸭脚木、竹叶榕、春羽、福建茶、花叶垂榕、金叶假连翘、黄金榕、棕竹、小叶榕等
东风西立交桥	簕杜鹃	无	小叶榕、鸭脚木、大叶榕、变叶木、朱瑾、红花继木、鹅掌柴、海芋、花叶合果芋
海印桥南人行天桥	簕杜鹃、五色梅	无	无
海印桥引桥	簕杜鹃	无	鸭脚木、狗牙花、变叶木

（续上表）

高架路桥名称	桥面植物	桥柱植物	桥阴植物
仲恺路内环及人行天桥	簕杜鹃	爬墙虎	鸭脚木、海芋、花叶合果芋
广工人行天桥	簕杜鹃	无	水鬼蕉
动物园南门人行天桥	簕杜鹃	无	鸭脚木、狗牙花、变叶木、水鬼蕉
东晓高架桥	簕杜鹃	异叶爬墙虎	鸭脚木、狗牙花、变叶木、朱模、红继木、小叶榄仁、灰莉、鹅掌柴、海芋、花叶合果芋
人民桥引桥及内环高架桥	簕杜鹃	异叶爬墙虎	鸭脚木、狗牙花、变叶木、朱瑾
东风立交桥	簕杜鹃	爬墙虎	鸭脚木、狗牙花、变叶木、朱瑾、灰莉、鹅掌柴、海芋、花叶合果芋

广州市内主要高架路桥的立体绿化植物配置趋同，其中簕杜鹃的使用频次最高，其次是爬山虎、薜荔以及其他常见植物。在一些有攀援铁网的区域，爬山虎的长势更好，爬得更高、绿化速度更快；没有攀援铁网的地方，植物爬到一定高度会大面积剥落；而薜荔不管是在路面还是桥柱上的攀爬效果都较好，因为其枝叶细密，能牢牢贴近墙面，但是吸附灰尘的能力不及爬山虎，所以两种植物结合，用薜荔作为攀援网给爬山虎攀爬，既增加了植物层次，又降低了因品种单一可能带来的病虫害问题，以获得更好的种植效果。

人行天桥大多采取构件加种植槽的绿化形式，选用落叶少、绿期长、花色鲜艳的植物品种。簕杜鹃容易扦插繁殖、耐修剪，有一定垂枝效果。枝叶舒展，柔毛枝叶还能吸附粉尘和有害气体，所以被大量使用。其他有益植物如软枝黄婵（*Allamanda cathartica*）、云南黄素馨、大花老鸦嘴（*Thunbergia grandiflora*）的应用鲜有见到，可以适当加以发展，以增加花期色彩变化和丰富植物种类。

2. 广州市高架路桥立体绿化设计要点

（1）改善高架路桥立体绿化种植环境

高架桥对桥下空间环境有很多负面影响，扬尘、汽车尾气、采光不足、干旱等对绿化植物来说是致命的，如果这类环境得不到改善，种再多的植物也是徒劳，所以笔者针对改善高架路桥植物种植环境，提出以下建议：

倡导桥体主动采光，也就是在桥梁建造设计时就预留出一定的高架桥面板分离缝，使阳光能通过预留缝投射到桥阴空间。这是一种主动引导阳光的处理手段，通常采用的是在设计层面把阳光、雨水、风等直接从桥中间导入桥下空间，使得原来最暗的桥阴位置的种植环境得到极大改善。当然，这是针对新建或者改建的高架路桥设施，在建设之前的设计环节就要融入桥阴主动导光的理念，例如把桥体设计成分离式、错层式等，在道路宽度允许的条件下，采用分幅式高架桥总体布局，适当调节间距及净空高度，在功能优先、兼顾美学和经济效益的前提下，加大桥下空间的高宽比，改善桥底采光。根据广州市不同路段的环境特征，采用不同的高架桥桥型（例如墩形、梁形等）以减少桥下阴影区域，保证视线通透。改善高架路桥桥下环境的高架桥设计具体可以表现在以下几方面。①桥下植物种植考虑桥体的方向走势，尽量把桥下植物设置在南北走向。南北走向的高架桥绿地相比于东西走向的高架桥绿地，可以获得更好的光环境；如果不得不进行东西走向布置，那南北两面的植物品种最好不同，以减少周围高大建筑、树木的遮挡。南边光照相对较多，可以种植一些中性偏阳的植物。②在条件允许的情况下，尽量增加桥下空间的高宽比，以利于更多阳光射入。可以缩窄桥面宽度，比如将原来8车道、6车道缩减为4车道甚至两车道。③增加导光缝，一块板桥面拆分成两块板桥面，结合道路分车道留出中间约5m的缝隙，以利于阳光进入，尤其是正午的直射强光，能极大改善桥阴环境，这点对东西走向、采光较差的桥下空间具有明显增光作用。④改变高架桥的颜色、材料、墩柱形式，尽量涂刷浅色甚至是反光的材料，用简单、弧线形等钢箱梁结构，墩柱最好也是弧线形，并缩小其横断面面积和体积，增加桥下采光。

（2）高架路桥植物应用与配置要点

①加强乡土植物的应用，体现地域文化特色。广州地区大部分高架路桥选用的是外来物种，但是相较于北京、杭州地区的高架路桥立体绿化植物种类，广州的植物种类更丰富，可选择的范围更广，像广州绿化常用的棕榈科、大戟科和桑科等非常具有地方特色；除了异叶爬墙虎和薜荔组合外，蒜香藤、炮仗花、猫爪藤、变色牵牛和桂叶老鸭嘴等花色鲜艳的地方配植木质藤本植物也能获得很好的景观效果；另外，广州市立体绿化在植物种类的引种和筛选方面做了大量的研究和实践工作。广州野生植物资源丰富，还有很多植物尚未被开发利用，继续培植适用于立体绿化的乡土植物，不仅有利于城市园林景观建设充分发挥本土植物优势特色，还有利于植物群落的可持续发展。

②加大对华南珍贵植物的利用，提高生态效益和社会效益。珍贵树种是国家宝贵的植物资源，同时也是自然环境的重要组成部分，具有很高的科研价值和经济价值。广州市目前高架路桥立体绿化中，仅樟树、红花天料木和火力楠是我国乡土珍贵树种，在乔木种类中占比还很小。在一些体量较大、绿化空间相对开阔的高架桥交通岛等人活动少的地方，适当栽植一些珍贵乡土树种，尤其是肉质果类鸟播树种，如格木、蚬木、白桂木、降香黄檀、短萼仪花、青皮和土沉香等乡土珍贵树种，能丰富景观的类型。

③优化植物配置结构。在最常用的异叶爬墙虎和薜荔组合的配置中，虽然两者

具有共性，却也有明显的不同，合理配置才能克服缺点、发挥优点，最大限度地展现混栽的优势，达到提高枝叶覆盖荫蔽度及密度的效果。用薜荔作为攀援网给爬山虎攀爬，冬天爬山虎落叶后，常绿植物薜荔起到一定的"卫绿"作用，薜荔细密的枝叶紧贴墙面的特点又弥补了爬山虎生长太快导致的下部稀疏和根部成团老化的弱点。

广州市近年来对国内外不同地区植物引种的实践证明，单纯栽植一种植物，其生长表现很不稳定，不同程度地出现耐热性差、易产生病虫害、生长缓慢、休眠等症状。而不同植株混合配植，在经过种间拮抗和共生的平衡期后，逐渐表现出较好的生长特性。如变色牵牛的顶端优势更强，能快速攀爬上墙，和爬山虎一起覆盖墙面，其间变色牵牛的花朵零星点缀，二者交相呼应，观赏效果更佳；又如海刀豆生长初期竞争能力强，生命力旺盛，差不多能全部覆盖稀松的爬墙虎；另外还有蓝翅西潘莲、蒜香藤、炮仗花、猫爪花和美丽桢桐等和爬墙虎、薜荔配合混植能够达到很好的互补效果。

第四节　案例：广州市桥梁绿化项目建设

目前，广州市共完成250多座接近230km长的桥梁绿化整饰工程，形成了极具特色的城市空中绿廊、花廊，美化了生活空间，增加了城市特色，有效改善了城市居民的生活环境。桥梁绿化为广州市的"国家园林城市""国家森林城市""国家文明城市"等评选增加了筹码，以及为多项重大活动增添了光彩，为广州城市的绿化美化做出了杰出的贡献。广州已成为国内天桥绿化最多和景观效果最好的城市之一，桥梁绿化也成为广州的重要城市名片之一。

（1）建设与安装

广州市桥梁绿化建设项目多以现有高架路桥为基础，加设种植设备进行植物绿化，所以在种植植物之前需在桥梁内侧或外侧进行适当改造及建设与安装。

通常工程施工作业线路较长，一次性投入的人力、物力、机械较多。为了保证交通顺畅和工程安全、文明施工，避免环境污染，应对现场平面进行科学、合理的布置。按施工进度以及分段施工区，合理布置苗木及材料的临时堆放位置，做到随到随施工。建设与安装的主要施工工序可以概括如图3-6所示。

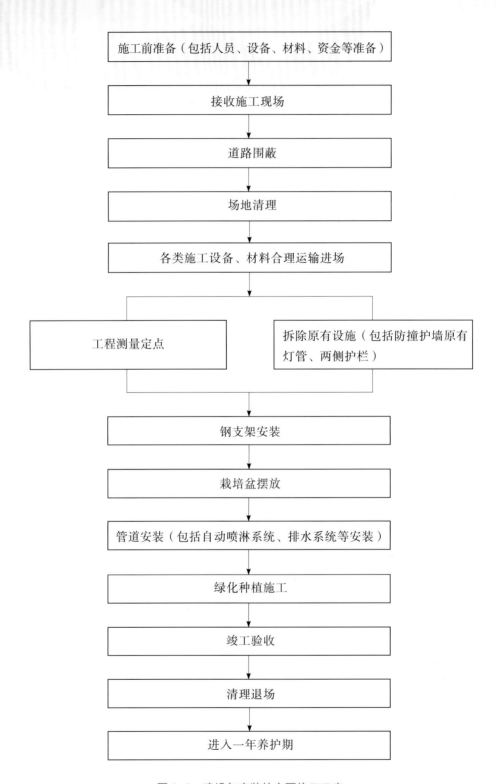

图 3-6 建设与安装的主要施工工序

相关步骤见图 3-7 至图 3-10：

（a）

（b）

图 3-7　各类材料现场安装和临时安放

图 3-8　钢支架安装

图 3-9　栽培盆摆放

图 3-10　绿化种植施工

（2）养护管理

广州市严格按照《人行天桥、立交桥绿化种植养护技术规范》（DB440100/T 112—2007）的要求实施养护工作，使桥梁绿化有"三季开花、四季常绿"的观赏效果，养护工作内容包括水分管理、种植基质管理、营养管理、修剪、花期调控、防寒措施、病虫害与鼠害防治、安全防护措施、养护资料的记录与归档等。施肥与植物修剪见图3-11a、b。

（a）施肥　　　　　　　　　　　　　　　（b）植物修剪

图 3-11　天桥绿化养护管理

62

　　人行天桥、车行高架桥的绿化配套设施在人行、车行道路上，容易受到人为破坏及交通意外的损坏；绿化配套设施长期处于露天状态下，受自然环境影响，容易发生材料风化、老化、锈蚀等现象。为了保证绿化配套设施的安全性和美观性，桥梁绿化配套设施维护工作的主要内容包括日常巡检、配套设施的紧固维护、绿化排水设施维护、配套设施的清洗、铝塑板维修及被撞绿化设施的修复绿化。图 3-12 为喷淋设备维护、修复铝塑板、排水设备维护。

（a）喷淋设备维护　　　　　　　　　　　　　（b）修复铝塑板

（c）排水设备维护

图 3-12　路桥绿化设施维护

　　（3）绿化品种筛选

　　高架路桥绿化不同于地面绿化，土壤容量有限，汽车尾气污染严重，加上热辐射等，条件非常恶劣。为筛选出适合高架路桥绿化的植物种类，营造优美的天桥绿化景观，广州市开展了天桥绿化植物种类筛选专项研究，共收集 160 多个植物品种，其中簕杜鹃占 136 种，建立了路桥绿化植物资源圃。通过对不同种类的植物进行生物学和生态学特性研究和科学评价，筛选出大叶深紫、水红、粉红、玫红、柠檬黄、金心双色、加州黄花、樱花、白花、银边粉紫、重苞大红等 13 个品种。这些品种已被广泛应用于路桥绿化，景观效果获得社会各界的好评。图 3-13 为不同品系簕杜鹃。

图 3-13　不同品系簕杜鹃

（4）主要技术

①专业基质配比技术。结合路桥绿化栽培特性，以园林废弃物等为原料，按研制的配方生产质轻、透气性好、养分持久、保水保肥性好的立体绿化专用高效营养基质。图3-14为基质生产流程图。

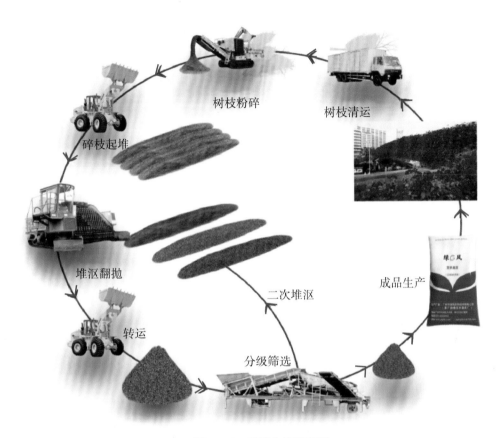

树枝粉碎

树枝清运

碎枝起堆

成品生产

堆沤翻抛

二次堆沤

转运

分级筛选

图 3-14　基质生产流程图

②防寒抗冻技术

结合簕杜鹃在冷季受寒冷影响容易出现落叶、冻伤甚至死亡的寒害现象，研究出了通过植株修剪、水肥调控及使用植物生长调节剂等技术提高植株的抗寒性，以降低簕杜鹃受寒害影响程度。

③智能微灌溉技术

在路桥绿化上引入滴灌系统和微灌溉系统（图3-15），根据立地环境气候特点设置自动灌溉，解决了城市绿化灌溉难题。智能微灌溉技术具有供水均匀、灌溉成本低、节水高效等优点，十分适合城市路桥绿化灌溉。结合化学方法保水等技术措施，很好地解决了城市部分地区供水不足的难题，既满足了植物生长的需要，又达到节水环保的目的。

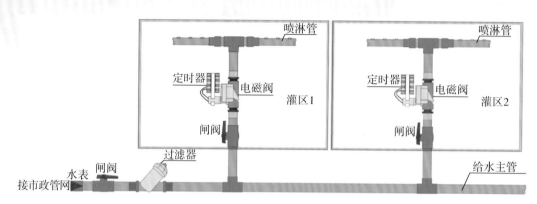

图 3-15　微灌溉系统示意图

④花期调控和病虫害防治技术

在簕杜鹃营养生长和生殖生长等不同阶段通过采用不同的水肥调控技术、植物生长调节剂处理技术、植株修剪等综合调控策略，保证簕杜鹃生长良好，延长花期，使花色更艳丽，实现簕杜鹃"四季常绿、四季有花"的景观效果。另外，贯彻"预防为主、综合治理"的方针，根据时节、立地条件、品种特性等，运用无公害的防治技术，确保植株健康生长。

（5）工程案例实景照片

工程案例实景照片见图 3-16 至图 3-25。

（a）

（b）

（c）

图 3-16　机场路立交桥绿化

66

（a）

（b）

（c）　　　　　　　　　　　　　　（d）

图 3-17　东风路小北路高架桥绿化

图 3-18　广州大道－花城大道天桥绿化

图 3-19　东风路执信南路天桥绿化

图 3-20　东风东立交桥绿化

图 3-21　先烈南立交桥绿化

图 3-22　华泰宾馆天桥绿化

图 3-23　惠福路天桥绿化

图 3-24　东晓南立交桥绿化

图 3-25　小北路人行天桥绿化

第四章　屋顶绿化

第一节　屋顶绿化相关概念

屋顶被称为城市建筑的"第五面"，其面积占一座城市建设用地面积的 20%～25%[1]，在城市公共空间不足的情况下，屋顶绿化不失为提高绿化覆盖率的一个有效方法。屋顶绿化不仅可以增加城市绿量和绿化面积，而且可以美化城市景观。它在进一步改善生态环境方面起到了重要作用，有益于缓解城市的"热岛效应"和改善空气质量，有利于雨水管理、保护生物多样性和提升城市舒适感等[2][3]，从而改善人类居住环境质量。屋顶绿化的节能减排主要体现在提高土壤下建筑材料的寿命、减低噪声、降低建筑能耗等，特别是在夏天，节能降耗表现突出[4]。在日益拥挤的城市里，屋顶绿化建设是提高城市绿化率的一个发展方向，并且已经成为世界关注的一个焦点[5]。

1. 屋顶绿化定义

屋顶绿化（Roof Greening）有广义和狭义之分，广义的屋顶绿化是指在高出地面以上的非渗透性的建筑物和构筑物，包括建筑物的屋顶、露台、阳台，建筑物的空中平台和厂房的屋顶等实施绿化美化。狭义的屋顶绿化及屋顶花园（Roof Garden），是指以建筑物顶部平台为依托进行蓄水、覆土并营造园林景观的一种空间绿化美化形式。它可以根据屋顶的特点及屋顶上植物的生长条件，选择生态习性与之相适应的植物，创造丰富的景观[6]。

---

[1] Akbari H，Rose S L，Taha H．Analyzing the land cover of an urban environment using high-resolution orthophoto [J]．Landscape and Urban Planning，2003，63（1），1-14．

[2] 杨媚．推广屋顶绿化的几个难点探讨 [J]．现代园林，2009（6）：80-81．

[3] Oberndorfer E，Lundholm J，Bass B，et al．Green roofs as urban ecosystems：ecological structures，functions and services [J]．BioScience，2007，57（10）：823-833．

[4] Saiz S，Kennedy C，Brass B，et al．Comparative life cycle assessment of standard and green roof [J]．Environmental Science and Technology，2006，40（13）：4312-4316．

[5] 王军利．屋顶绿化的简史、现状与发展对策 [J]．园艺园林科学，2005，21（12）：304-306．

[6] 李斌．环境行为学的环境行为理论及其拓展 [J]．建筑学报，2008（2）：30-33．

黄金绮在《屋顶花园设计与营造》一书中，指出屋顶花园绿化可以广泛地理解为在各类古今建筑物、构筑物、城墙、桥梁立交桥等的屋顶、露台、天台、阳台或大型人工假山山体上进行造园，种植树木花卉的统称。[①] 屋顶花园与陆地造园和植物种植的最大区别在于屋顶花园绿化是把陆地造园和植物种植等园林工程搬到建筑物或构筑物上，它的种植土是人工合成堆筑，并不与自然大地土壤相连，[②] 无论是温度、湿度、光照、土壤、基质等都和地面的生态环境有很大差别。

广州市《屋顶绿化技术规范》中定义屋顶绿化为：各类建筑物、构筑物的顶部以及天台、露台上建造的花园。

2. 屋顶绿化分类

屋顶绿化的分类方式有很多，可以按照建筑使用功能、建筑高度、建筑屋顶载荷、绿化布局形式和绿化手法等进行分类，见表4-1。

表4-1 不同形式绿化分类

分类形式	类　别
建筑使用功能	①公共游憩型屋顶绿化；②盈利型屋顶绿化；③住宅式屋顶绿化；④办公、宾馆、医院类屋顶绿化
建筑高度	①单层建筑屋顶绿化；②多层建筑屋顶绿化；③高层建筑屋顶绿化；④地下建筑屋顶绿化
开敞程度	①开敞式屋顶绿化；②半开敞式屋顶绿化；③封闭式屋顶绿化
最终使用目的	①以休闲为目的的屋顶绿化；②以生态为目的的屋顶绿化；③以科研、生产为目的的屋顶绿化；④混合屋顶绿化
建筑屋顶载荷	①拓展型屋顶绿化；②半密集型屋顶绿化；③密集型屋顶花园
屋顶构造	①平屋顶绿化；②坡屋顶绿化
所有制性质	①私人性质的屋顶绿化；②公共性质的屋顶绿化
绿化布局形式	①自然式屋顶绿化；②规则式屋顶绿化；③混合式屋顶绿化
绿化手法	①草坪式；②花园式；③组合式；④棚架式

屋顶绿化的分类有很多，下面主要介绍根据不同绿化手法的分类，该分类也是被广泛接受且较常用的一种屋顶绿化分类，即分为草坪式屋顶绿化、花园式屋顶绿化、组合式屋顶绿化以及棚架式屋顶绿化。

（1）草坪式屋顶绿化。主要是指浅土种植型的草坪绿化屋顶（图4-1），在屋顶

[①] 黄金绮. 屋顶花园设计与营造［M］. 北京：中国林业出版社，1994.

[②] 戴力农，林京升. 环境设计［M］. 北京：机械工业出版社，2003.

上栽植耐寒、耐旱以及生存能力强的草坪。这种绿化形式在此之前需要在防水屋面上铺设约 10 mm 厚的轻质种植土，如屋面防水效果不好还需要先做防水处理，不设置园林小品设施，通常形式较单一；也由于覆土层较薄、重量轻，对大多数屋顶都适用，特别是那些承重能力差的老住宅。草坪式屋顶通常是出于生态环境保护的需要和增加城市绿化率而建造的，在实施方面有屋顶载荷的局限性，因而多数属于非上人屋面绿化。选用的植物也是生存能力强的景天科以及多年生的浅根系地被植物，比如狗牙根、佛甲草、番薯藤、台湾草等，很少需要对植物专门浇灌，降雨充沛的地方单纯依靠自然降水就可以生存，是一类经济型屋面绿化形式。但是这类屋顶绿化效果单一，不太符合广州人对景观绿化的审美习惯，这类绿化常见于广州公共建筑屋顶，很少在住宅屋顶中建造，除非建筑有严格的载荷要求。

图 4-1　草坪式屋顶绿化

图片来源：大卫·弗莱彻《空中花园》

（2）花园式屋顶绿化。通常指能够在屋顶种植开花植物、草皮和低矮灌木，乔灌花草结合，可以根据人们的意愿设置不同的园林小品，如小桥流水、庭树花架，甚至体育设置，供休闲观赏游憩的上人式屋顶绿化（图4-2）。花园式屋顶绿化为保证大型植物的生长状况良好，一般覆土深度较大，这就要求屋顶的载荷能力足够强，对建筑的要求较高，除了要考虑高大乔木的固定措施、园林小品的使用安全、严格的防水措施等，还需要对花园植物进行定期浇灌、整修等。这类屋顶绿化需要经过专业的设计和安全防护，相对来说维护费用较高。

图4-2　花园式屋顶绿化

图片来源：大卫·弗莱彻《空中花园》

（3）组合式屋顶绿化。这是一种介于草坪式与花园式之间的屋顶绿化形式（图4-3），有大面积的草坪，也有少量低矮灌木混植，可选择的植物种类较多，但是通常不会选用高大乔木，考虑建筑屋顶的载荷，覆土深度较草坪式要厚又比花园式薄，需要定期进行养护管理，可设置庭院小路供人停留、行走等。

图 4-3 组合式屋顶绿化

图片来源：大卫·弗莱彻《空中花园》

（4）棚架式屋顶绿化。这是利用藤蔓类植物的攀爬特性，形成遮阴式的棚架绿化，并结合草坪式和花园式屋顶绿化形式。这种绿化形式景观效果较好，既能满足人们对屋顶庇荫隔热的要求，又能提供一个休闲活动的场所（图 4-4）。施工中对原屋面构造的改动不大，对建筑防水防漏的要求也没有那么严格，一般在建筑主要承重柱子或者屋顶主梁的位置，放置一个或者多个种植槽，种植藤本类植物，槽内设置阻根性防水层。春夏季节是珠三角地区台风灾害的高发时期，广州几乎每年都会受到侵袭，屋顶风力更猛，因此棚架式屋顶绿化首要考虑的是安全问题，植物与棚架的稳固性应作为设计的关键因素。

图 4-4 棚架式屋顶绿化

表 4-2 是以上几类不同形式屋顶绿化特征的比较：

表 4-2 不同形式屋顶绿化特征比较

屋顶绿化类型	屋顶载荷	绿化设计	景观小品	维护保养
草坪式	≥ 140 kg/m² 的屋顶	草坪、地被、攀援类植物	不设置	几乎不用维护
花园式	≥ 500 kg/m² 的屋顶	草坪、灌木、小型乔木皆可，植物种类最丰富	可设置多种园林小品	日常需要经常维护、保养
组合式	≥ 250 kg/m² 的屋顶	草坪、低矮灌木、开花植物	设置园路、小型园林小品	需要较多维护
棚架式	≥ 500 kg/m² 的屋顶	草坪、灌木、小型乔木皆可，多采用藤本植物	可设置棚架等多种园林小品	日常需要经常维护、保养

3. 屋顶绿化的作用

屋顶绿化是集社会效益、生态效益与经济效益于一身，融合建筑艺术、园林艺术和绿化技术的城市绿化空间新模式，能够充分挖掘建筑屋顶闲置空间的潜能，进一步发挥绿色植物的生态效益，在社会服务功能上的效用及为房屋建造增值方面更是表现突出。屋顶绿化的作用主要表现在以下几方面：

（1）开拓新的交往、交流和休憩活动的场地

随着城市化的飞速发展，人们生活也得到极大改善，对日常休闲、游憩等空间的多样化需求不断增加，由此催生了以都市休闲、旅游、餐饮为特色的屋顶花园产业的兴起。如今供城市绿化所用的地面空间资源达到饱和状态，这就意味着屋顶的资源更多了。例如，上海外滩和平饭店和友邦大厦的屋顶绿化，在外滩航路大厦 2500 多平方米的金驼岛屋顶花园，视野开阔，黄浦江两岸一览无余，种植 500 多种盆景花卉，还开设花园酒楼、欧式茶座等；屋顶花园的经营类型还很多，如观景自助餐、婚纱照摄影、屋顶音乐会等，带来的经济效益也很可观。[①]

（2）提供舒适宜人的居住环境和工作环境

现在居住在城市的人们生活水平有了很大提高，居住建筑多为高层住宅楼，相比于改革开放之前，邻里交流却变得越来越少，国内很多人口密度较高的大中型城市，由于用地紧张，即便是新建的居住区，其公共绿地空间也极其有限，人均绿地率很低。对于集中了大量高层办公楼等寸土寸金的大型商务区，人们更是渴望有一个能

---

① 土石章. 屋顶花园设计研究 [D]. 武汉：华中科技大学，2007.

够接近自然、放松心情的场所，一个在工作间隙能够与人交谈的私密空间。所以在建筑设计中考虑屋顶绿化空间，对城市居民和办公人员的身心健康大有裨益。屋顶绿化能提高建筑室内小环境的舒适度，有研究表明办公室适度绿化能提高室内空气环境质量30%，降低噪声和空气污染物15%，通过改善办公室环境可以把职员病假缺勤率从15%降低到5%，在"绿色办公室"里还能缓解紧张感，而创造力和活力却得到提高，有助于提高工作效率。[①]

（3）提高建筑经济价值

屋顶绿化能够带来更优质的工作和生活环境，可以为建筑创造额外的经济效益，是高于建筑空间本身的使用价值的；优质的工作场所在地价和租金方面也更有优势，可以吸引更有竞争力的公司企业购买或者租赁；商业建筑中适当添置屋顶绿化还能吸引更多的顾客，增加营业额。屋顶绿化还能成为高档宾馆、酒店、大型企业等的标识或品牌，比如德国法兰克福银行大厦屋顶的花园绿化，精心的设计、引入自然通风系统、视线上还确保在室内工作的员工能欣赏到绿意，从而成为该银行的招牌。

第二节　屋顶绿化的发展现状

1. 国内外屋顶绿化研究进展

近几十年来，屋顶绿化在世界上很多国家已经得到广泛而成功的应用，如德国、英国、日本、加拿大和法国等。德国和日本对屋顶绿化相关技术的研究成果较多，已经具备了一套相对完善的技术标准，在绿化植物的选择、绿化应用方式、栽培基质以及屋顶防水等多方面取得重要研究成果。在现代高层建筑之风逐渐席卷世界的运动中，二十世纪著名法国建筑师勒·柯布西耶在他的"新建筑五点"理论中提出"屋顶花园"理念，也曾在 *Maison Citrohan* 概念性住宅设计方案中明确提出，房顶不但是平顶结构，而且还应设计天台花园，供居住者休闲用的全新建筑理论，其中还包括"采用柱支撑结构，下部留空""室内完全敞开设计""窗户采用条形"等非常具有前瞻性的设计思路，随后其中的某些观点在萨伏伊别墅建筑中有所体现。1922年，柯布西耶设计了别墅大厦，这是一栋五层高的大楼，楼里面设计了100所可供出租的别墅，每栋别墅都是两层并在其同层并列开间的位置设计一个独立的花园，院子里、花园里满是花草树木，每一层楼的阳台花园里都种植有常青藤和花卉，这种开创性的设计手法对后来的建筑师具有深远的影响。[②]2009年，《国际新景观》编辑部联合健康绿色屋顶协会、国际绿色屋顶协会等权威组织出版《最新国外屋顶绿化》一书，以丰富的设

---

① 金春萍. 绿化装饰办公环境. 提高工作效率［J］. 河南农业，2005（10）：18.

② 土石章. 屋顶花园设计研究［D］. 武汉：华中科技大学，2007.

计实例深入解析屋顶绿化的各个范畴并提出设计要点和工程技术建议，是一本普及屋顶绿化设计的实用手册。[①] 2011 年，美国屋顶绿化园艺师 Edmund C. Snodgrass 和作家 Lucie L. Snodgrass 撰写的《屋顶绿化植物资源与种植指南》对美国 200 多种植物进行了介绍，并附有大量图片和栽培信息，包括植物对湿度的要求、耐热性、适生带、花色、叶片特征和种植高度等，提供了非常珍贵的数据资料。[②]

　　我国屋顶绿化起步较早，1918 年北京新世界第一游艺场五楼的顶层绿化和 1922 年北京西珠市大街开明戏院的三楼楼顶绿化是我国最早的屋顶花园案例，属于营利性屋顶绿化；[③] 二十世纪四十年代，广州、上海等口岸城市的私人楼房顶、晒台、平台上种植花草是屋顶绿化的雏形；[④] 六十年代重庆和成都等城市，在办公楼、工厂车间和仓库等平面建筑物屋顶种植瓜果蔬菜，也属于屋顶绿化的一种。国内真正的屋顶绿化实践最早开始于二十世纪六十年代；七十年代建成的广州东方宾馆 10 楼顶上的屋顶花园，是我国第一个屋顶绿化同建筑规划设计同步实施的案例；1983 年建成的北京长城饭店裙楼楼顶绿化是我国北方地区第一座大型露天屋顶绿化实践案例。随着改革开放的浪潮，城市建筑技术日新月异，国内现代建筑不断地往高层发展，居住建筑的密度也越来越高，中心城区的绿化日渐减少，加上工业化的推动，市内使用小汽车的人数激增，城市生态环境不断恶化，这样的问题在中国大城市更突出。所以即便我国屋顶绿化从二十世纪后期才开始在全国范围内普遍兴起，但是在一些经济发达的大城市早就把屋顶绿化列入了城市规划的范畴。为改善不断恶化的生态环境，人们开始探索新型绿化方式，而屋顶绿化正好能满足当下需求，只要对建筑屋顶加以改造，就能进行屋顶绿化。屋顶绿化不仅能缓解城市绿地不足的压力，还能给人们提供休闲娱乐、放松身心的场所，是一种高效建设绿化的方式，所以大中型城市的建设也越来越关注屋顶绿化。但是受限于基础建设投入、屋顶绿化技术和材料及相关政策方面，国内的屋顶绿化还未取得规模化的发展，其中只有少量几个城市的相关政策较完善及屋顶绿化覆盖率也较高，比如北京、上海等。

　　马月萍和董光勇主编的《屋顶绿化设计与建造》，系统地介绍了屋顶绿化设计与建造的原理和方法、最新的应用技术和材料，以及花园的建造程序、养护管理技术等，为屋顶绿化设计、施工提供了启发和参考[⑤]。史晓松和钮科彦主编的《屋顶花园与垂直绿化》系统介绍了屋顶花园的分类、设计和营建要点以及一些具体的项目案例[⑥]。

---

① 姜颖. 最新国外屋顶绿化［M］. 武汉：华中科技大学出版社，2009. 7.

② 埃德蒙·斯诺格拉斯，露西·斯诺格拉斯. 屋顶绿化：植物资源与种植指南［M］. 李世晨，土军，杨至德，译. 武汉：华中科技大学出版社，2011.

③ 刘迎辉，胡文奕. 再造城市绿色空间［J］. 江西园艺，2005（4）：27.

④ 涯尔纳·皮特·库斯特. 德国屋顶花园绿化［J］. 中国园林，2005（4）：71-75.

⑤ 马月萍，董光勇. 屋顶绿化设计与建造［M］. 北京：机械工业出版社，2011.

⑥ 史晓松，钮科彦. 屋顶花园与垂直绿化［M］. 北京：化学工业出版社，2011.

2. 广州市屋顶绿化发展

广州市虽然较早就接受立体绿化观念，但是就目前的发展状况来说，还不及北京和上海等地。广州以"花城"闻名，居民对绿化环境的要求较高，绿化意识也较强，很多市民自发地在屋顶、窗台和阳台等空间种植盆栽，但是真正经过系统设计、规划的屋顶绿化不多。图4-5为广州某林场办公楼屋顶花园。

图 4-5　广州某林场办公楼屋顶花园

目前广州市屋顶绿化以一些高端商业建筑（购物中心、星级酒店等）（图4-6）及政府单位、企事业单位的试点建筑屋顶为主（图4-7、图4-8）；还有一些新建小区的地下车库屋顶，建造成首层园林庭院，给住户提供休闲活动场所。总的来说，广州市屋顶绿化覆盖率还不足5%。广州市已经实施屋顶绿化的主要分布在越秀区，面积约为36700 m²，原因是广州市绿化部门在越秀区推行屋顶绿化试点工作，包括广州大厦附近的30栋连片楼房，其中有两个屋顶花园。

图 4-6　广州太古汇屋顶绿化

图片来源：http://bbs.zhelong.com/101020_group_201869/detail10124299/?checkwx=1

图 4-7　广州诺亚公司天台花园

图 4-8　广州诺亚公司天台花园局部

二十世纪九十年代后期，广州对一些国家和地方条例中涉及屋顶绿化建造与验收的行为逐渐规范化，为屋顶绿化的发展创造了前提条件，但是没有强制要求把屋顶绿化当作必须建设的项目，因而实施效果不佳。除了政府的政策推动之外，国际上大量的实践证明，民间协会与团体对屋顶绿化具有巨大推动作用，而广州地区没有专门的屋顶绿化协会或者其他民间组织来推动这项事业的发展，大多数屋顶绿化的民间建造运动是由广东省屋顶绿化专业委员会与广州市绿化委员会联合督促的，他们的共同点是业务范围都很广，显然没有足够的资金和精力来推动广州市的屋顶绿化全面发展，所以广州市目前也没有针对屋顶绿化的专门网站以及宣传口号等，市民对屋顶绿化的了解非常有限。

第三节　屋顶绿化设计、施工及植物选择要点

1. 屋顶绿化设计要点

（1）屋顶载荷

屋顶是建筑主要的水平承重构件，经由屋面、梁、板传递到墙、柱子以及基础上的载荷（包括静载荷和活载荷）被称为建筑屋顶载荷。其中静载荷也被称作有效载荷，由所有屋顶构造层（图4-9），包括基质层、隔离过滤层、排（蓄）水层、隔根层、分离滑动层等及屋顶植物预期重量组成，构造层所使用的材料密度都是饱和水状态下的密度。活载荷也称作临时载荷，如屋面上承受的人、雨水和积雪等，还包括因建筑物修缮、维护等工作产生的屋面载荷。

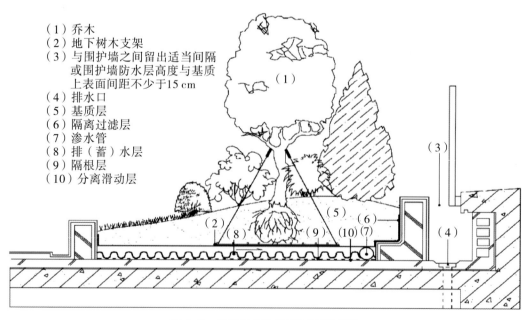

（1）乔木
（2）地下树木支架
（3）与围护墙之间留出适当间隔或围护墙防水层高度与基质上表面间距不少于15 cm
（4）排水口
（5）基质层
（6）隔离过滤层
（7）渗水管
（8）排（蓄）水层
（9）隔根层
（10）分离滑动层

图4-9　屋顶绿化构造层剖面示意图

屋顶绿化首要考虑的是屋顶的载荷及建筑的构造，屋顶上所有的绿化植物及相关设施加上可能出现的活载荷（雨水、人等）的总重量必须小于屋顶的载荷上限。通常建筑物的承载能力直接受限于屋顶的梁板柱及基础、地基的承载力。而建筑结构承载力又直接影响房屋造价的高低，所以屋顶的允许荷载明显受到造价的限制，尤其是原来未考虑进行屋顶绿化设计的楼房，更要严格控制屋顶绿化的平均荷载。这一问题可以通过采用基质栽培来解决，比如使用屋顶绿化专用的无土草坪，可以根据需要来调整草坪基质的用量，用以替代屋顶绿化所需要的同等厚度的土壤层，能使质量降低很多，从而大大减轻屋顶承重负担。

（2）栽培基质选择

栽培基质是植物赖以生长的土壤层。屋顶绿化受限于屋顶承重，因而要求所选用的种植基质应具备自重轻、保水保肥、不板结、适宜植物生长，以及经济环保和施工简便等特性。壤土层厚薄要适中，若土层太薄，则水分极易流失，对植物的生长发育不利；若土层太厚，虽然满足了植物生长的要求，但屋顶承受不住。所以应该选用质地轻的无土基质来代替壤土，也可以直接用营养袋基质栽培的花木和无土栽培的草坪毯。超轻质基质在容重方面具有无可比拟的优势。表4-3所示为常用的基质类型和容重。

表4-3 常用基质类型和容重表

基质类型	主要配比材料	配制比例	湿容重（kg/m³）
改良土	田园土，轻质骨料	1：1	1200
	腐叶土，蛭石，沙土	7：2：1	780～1000
	田园土，草炭，蛭石和肥料	4：3：1	1100～1300
	田园土，草炭，松针土，珍珠岩	1：1：1：1	780～1100
	田园土，草炭，松针土	3：4：3	780～950
	轻沙壤土，腐殖土，珍珠岩，蛭石	2.5：5：2：0.5	1100
	轻沙壤土，腐殖土，蛭石	5：3：2	1100～1300
超轻量基质	无机介质	—	450～650

注：基质湿容重一般为干容重的1.2～1.5倍。

（3）防水和排水

由于植被底层需要长期保持湿润，且还有酸、碱、盐的腐蚀作用，对屋顶防水层造成的破坏是漫长渐进的。另一方面，有些屋顶植物的根系会侵入防水层，破坏房屋屋面结构，严重时会造成渗漏。为确保屋顶结构的安全，在进行屋顶绿化前，最好在原屋顶基础上进行二次防水处理，确保屋顶绿化种植基质及植物层对防水层表面不至于造成损害，这样能延长防水层的使用寿命。种植土冻胀可能对建筑边墙产生一定推力，为满足建筑立面防水和墙面保洁的要求，种植面最好和建筑边墙保持适当距离，根据不同设计要求和意图，留出一定间隔；如果屋顶设水池等园林工程设施，须采用独立的防水系统。屋顶绿化施工应严格按照操作规程，时刻记住保护防水层；还要定期检查屋顶绿化结构设备（如出水口及窨井等），及时清理掉屋面的枯枝落叶，防止把排水口堵住，造成壅水倒流，危及防水安全和植物生长。

（4）屋顶绿化栽植设计

新建筑设计时应同时考虑屋顶绿化的特殊要求，如：屋顶承重、防漏、供排水和照明等。屋顶绿化设计要因地制宜，通常可供绿化的屋顶面积都不会太大，要在有限的空间里把花木、园路、雕塑、喷泉、水池、亭台小品、灯光和建筑风格等紧密结合。此外，屋顶的生态环境因子明显不同于地面。由于屋顶太阳辐射强，升温迅速，暴冷暴热以及昼夜温差大等，植物要在屋顶上生存并不是件容易的事，所以需要选择适合于屋顶生长的植物品种，应选择耐热、耐寒、耐贫瘠、耐旱、生命力旺盛的植物，最好选择袋栽苗花木，以保证成活率；还可以通过铺设植生带（种植池）、播种和移栽等方式种植植物，种植池里有攀援植物、地被植物、草坪、小型乔木和灌木等。对于荷载较大的景观要素，如水池、大乔木、山石、微地形等应放在建筑的主体承重结构上（图4-10、图4-11）；对一些体量稍大的乔木需要进行固定处理，以防被大风吹倒。屋顶绿化常见植物种植及固定方法见图4-12。

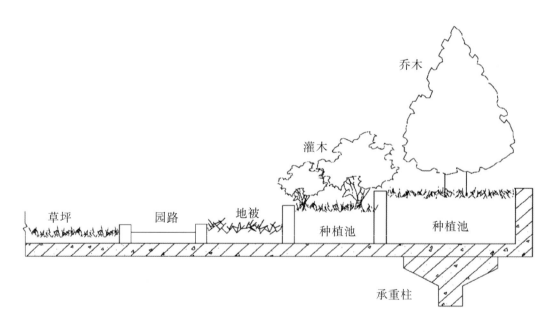

图4-10　屋顶绿化种植池处理方法示意图

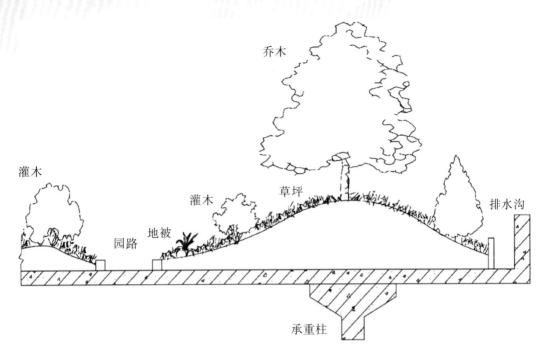

图 4-11　屋顶绿化微地形种植池处理方法示意图

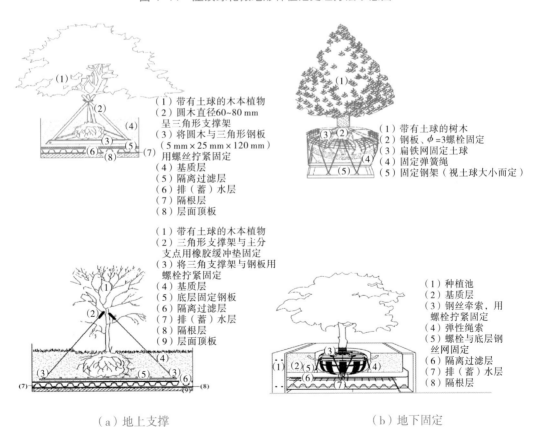

（1）带有土球的木本植物
（2）圆木直径60~80 mm
　呈三角形支撑架
（3）将圆木与三角形钢板
　（5 mm×25 mm×120 mm）
　用螺丝拧紧固定
（4）基质层
（5）隔离过滤层
（6）排（蓄）水层
（7）隔根层
（8）层面顶板

（1）带有土球的树木
（2）钢板、ϕ=3螺栓固定
（3）扁铁网固定土球
（4）固定弹簧绳
（5）固定钢架（视土球大小而定）

（1）带有土球的木本植物
（2）三角形支撑架与主分
支点用橡胶缓冲垫固定
（3）将三角支撑架与钢板用
螺栓拧紧固定
（4）基质层
（5）底层固定钢板
（6）隔离过滤层
（7）排（蓄）水层
（8）隔根层
（9）层面顶板

（1）种植池
（2）基质层
（3）钢丝牵索，用
螺栓拧紧固定
（4）弹性绳索
（5）螺栓与底层钢
丝网固定
（6）隔离过滤层
（7）排（蓄）水层
（8）隔根层

（a）地上支撑　　　　　　　　　　　（b）地下固定

图 4-12　屋顶绿化常用固定技术示意图

（5）屋顶绿化养护管理

屋顶绿化建成后还需要进行养护管理，主要指对各种花木、草坪、地被的养护管理，以及屋顶上的水电设备维修保养和屋顶排水、防水等工作的完善和维护。

①浇水。简单的屋顶绿化通常基质比较薄，应根据不同植物种类和季节来调整浇水的次数；花园式屋顶绿化浇水次数间隔通常控制在 10～15 天为宜，如果采用人工浇水，须以喷淋方式均匀浇水；微气候条件较好的屋顶绿化，冬季需要适当补充水分以满足植物生长所需；冬季应注意屋顶绿化植物的生长环境状况，适当提前浇灌解冻水。

②施肥。为了避免植物生长过盛而增加建筑荷载和维护成本，须采取控制水肥或者生长抑制技术的方法控制植物生长速度；植物长势较差时，可在其生长期内以 $30～50 \, g/m^2$ 的配比施长效 N、P、K 复合肥，以每年 1～2 次为宜；观花植物须适当补充养料。

③病虫害防治。须采取对环境无污染或者污染小的病虫害防治措施，例如人工或物理防治、环保型农药防治以及生物防治等。

④防风防寒。须根据植物不同抗风性及耐寒性，采取支防寒罩、搭风障及包裹树干等方式进行防风防寒处理。所用材料应具备坚固、美观、耐火的特性。

⑤灌溉设施。宜选用微喷、渗灌和滴灌等灌溉系统。在条件允许的情况下，最好配备屋顶雨水与空调冷凝水的收集回灌系统。

2. 屋顶绿化施工流程

屋顶绿化植物种植区常规的构造层从上到下依次为植被层、基质层、隔离过滤层、排水层、隔根防水层和防水层。

花园式屋顶绿化施工流程如图 4-13 所示。

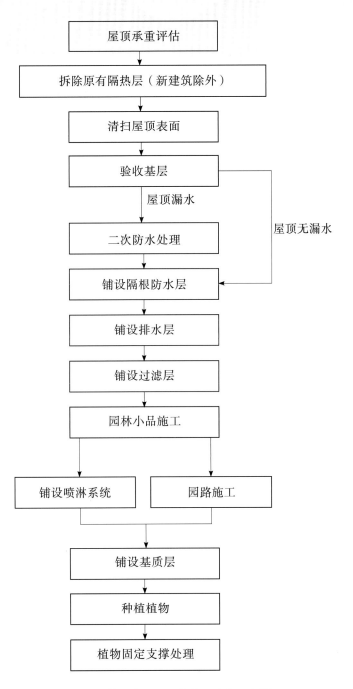

图 4-13　花园式屋顶绿化施工流程示意图

草坪式屋顶绿化施工流程如图 4-14 所示。

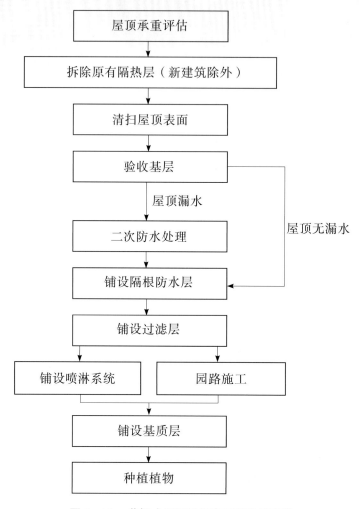

图 4-14　草坪式屋顶绿化施工流程示意图

3. 屋顶绿化植物选择原则

相比于地面环境，屋顶绿化的种植环境有如下特征：①土是人工合成的种植土，基质较薄，与自然土是相分离的，这就切断了自然土壤水分来源的渠道；②用地面积小、地块规则而且竖向地形几乎无变化；③建筑屋顶的最大载荷限制了覆土深度、植物的选择与建筑小品的运用等；④植物生长环境较特殊，屋顶的风力、日照强度、温度、湿度等都和地面有较大不同；⑤一般情况下屋顶位置视野开阔，环境比较安静。屋顶的这些特点，对植物的生长状况来说有利有弊。有利的方面：屋顶有充足的阳光，能极大地促进屋顶植物光合作用，加之昼夜温差相对较大，植物能够积累更多的养分，同时屋顶气流通畅，污染相对较少等。不好的地方：屋顶风力较大，土壤层较薄，易损伤植物根系，植物还容易受到干旱、冻害等影响。因此植物的选择首先要考虑屋顶环境特性，以满足植物基本生存需求，兼顾园林景观效果和生态效益，在植物选择上需遵循以下原则：

①选择抗寒性强、耐旱的矮灌木与草本植物。夏季屋顶风大、气温高、土层保湿性能差，冬季干燥、保温性差，选择植物时应考虑屋顶特殊的地理环境及承重的限制，多选择矮小的灌木与草本植物，同时要有利于植物的运输和栽种。

②选择耐瘠薄、喜阳性的浅根性植物。多数屋顶大部分区域为全日照直射，尤其是夏季，光照强度极大，植物选择应以阳性植物为主。某些特定的小环境可适当选用一些半阳性植物，比如花架下或者靠山墙边的地方，有遮阴掩体，日照时间较短。因为屋顶的种植层基质较薄，为防止根系对屋顶结构造成破坏，应尽可能选用浅根系的植物。施用肥料会对周围环境造成一定影响，故屋顶绿化应尽可能选用耐瘠薄的植物。

③选择不易倒伏、抗风、耐积水的植物。屋顶上空风力通常比地面大，尤其是雨季或台风季节。雨水猛烈冲刷对植物的生长危害较大，加上屋顶种植层较薄，土壤蓄水性能差，如果下暴雨，短时间内就会形成大量积水，因而应尽量选择一些不易倒伏、抗风，又能耐短时积水的植物。

④选择常绿为主且冬季能露地过冬的植物。建设屋顶绿化的目的就是美化"第五立面"，增加城市绿化面积。屋顶绿化植物应以常绿类为主，首选叶形及株形秀丽的品种。为了体现屋顶绿化的季相变化，使其更加绚丽多彩，可以适当选用一些彩色叶树种；在条件允许的情况下，还可以配置一些盆栽的时令花卉，营造屋顶四季有花的景象。

⑤以乡土植物为主，适当引进名优品种。乡土植物能够适应当地的气候条件。屋顶生存环境相对恶劣，选用乡土植物能够保证较高的存活率。此外，可供绿化的屋顶面积通常较小，为将其布置得精致、小巧，可选用一些观赏价值较高的新品种植物，以提升绿化观赏效果。

屋顶花园的设计，除了要充分考虑自然条件外，还须具备一定的硬性条件，如坚固的结构要求，具有隔水层、防水层以及排水设施等。

第四节　案例：广州市林业和园林科学研究院屋顶绿化示范项目

广州市林业和园林科学院屋顶绿化项目的建设内容主要为屋顶绿化栽植、亭廊花架施工、屋顶防水处理、蔬菜示范栽培、屋顶灌溉系统设置等，总面积约 230 m²，见图 4-15、图 4-16。

图 4-15　屋顶花园建成后航拍图

图 4-16　屋顶花园设计效果图

1. 屋顶绿化项目施工流程

屋顶绿化项目的施工流程如图 4-17 所示。

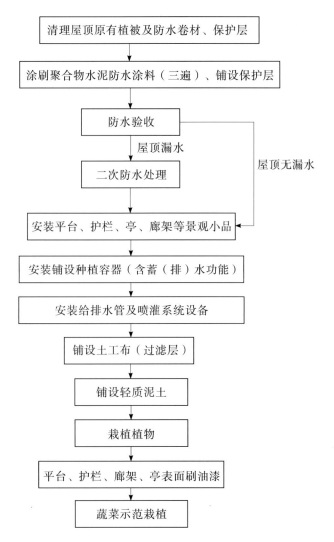

图 4-17　屋顶绿化项目施工流程图

2. 屋顶绿化施工结构图

屋顶绿化与地面绿化的构造有较大不同。屋顶绿化的结构通常包括植物层、基质（营养土）层、过滤层、蓄（排）水层（种植容器）、保护层、防水层，如图 4-18 所示。

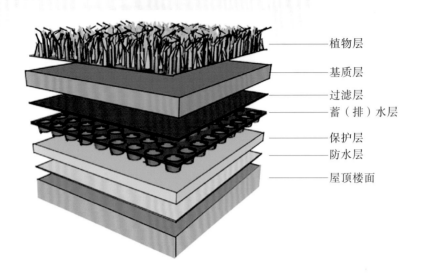

植物层
基质层
过滤层
蓄（排）水层
保护层
防水层
屋顶楼面

图 4-18　屋顶绿化施工结构层

每个结构层均有其作用，特别是防水层和保护层，决定了屋顶绿化是否安全可靠。种植容器的绿化方式将上面四层结构集于一体，将种植环节转移到地面，拼装方便，绿化效果立竿见影。

3. 屋顶绿化施工过程

（1）清理基层（图4-19）

图 4-19　清理基层

（2）防水涂层和保护层施工

采用 JS 聚合物水泥基防水涂料，该涂料以优质建筑专用聚合物防水乳胶为主要原料，添加多种助剂配制而成。该乳胶与水泥结合后，涂刷于基面上，可形成具有一定弹性，黏结力强，抗弯强度高，抗渗性、抗裂性、耐候性、耐酸碱性优异的柔韧性防水层。

防水涂层施工工艺流程为：清理基层→细部节点部位附加层施工→第一次涂刷聚合物水泥防水涂料（图4-20）→第二次涂刷聚合物水泥防水涂料→第三次涂刷聚合物水泥防水涂料（图4-21）→检查修理→组织验收→3 cm 厚 1：1.5 水泥砂浆保护层施工。

图 4-20　第一次涂刷聚合物水泥防水涂料　　　　图 4-21　第三次涂刷聚合物水泥防水涂料

（3）安装平台、亭、廊架等小品设施（图4-22）

（a）　　　　　　　　　　　　　　　（b）

图 4-22　安装小品设施

（4）铺设水管（图4-23）

（a）　　　　　　　　　　　　　　　　（b）

图4-23　铺设水管

（5）铺设种植容器（图4-24）

种植容器规格为 $500 \times 500 \times 84$（mm），由保温隔热层、排水槽、蓄水层、阻根层、排水过滤层组成，具有完善的排水、蓄水、阻根等功能以及优越的保温、隔音、防潮、防火效果。容器中间贯通了自动滴灌系统（输水管），可自动补水；容器上层可根据需要叠加5～6层围合板（单个高约11 cm），自由搭配植物；施工时成品直接在屋顶上拼接，操作简单，对植物生长有保证。

（a）　　　　　　　　　　　　　　　　（b）

图4-24　铺设种植容器

（6）铺设土工布（图4-25）

图4-25　铺设土工布

（7）加基质泥（图4-26）

图4-26　加基质泥

（8）植物栽植（图4-27）

（a）　　　　　　　　　　　　　　　　　　（b）

图4-27　植物栽植

（9）平台清洗、上漆（图4-28）

图4-28　平台清洗、上漆

4.　屋顶灌溉系统工程

灌溉系统使用清洁能源及雨水回收技术。灌溉所需电力采用太阳能发电加市电互补模式，通过屋顶太阳能板收集电力并储存在蓄电池组，需要使用时将电力输送给控制器及水泵电机；当太阳能不足时，系统自动切换到市政用电。

灌溉所用水源为楼顶收集的雨水，另外灌溉过程中渗透出土壤流失的水分也将通过收集系统回流到蓄水池。

灌溉控制系统采用了美国 HUNTER 控制器（图 4-29）、SOLAR SYNC 气候传感器（图 4-30）及土壤湿度传感器（图 4-31）相组合的方式。灌溉速度以控制器定时定量灌溉为基础，即制定好开始灌溉时间和灌溉水量，控制器自动运行。气候传感器自动收集降雨量、光照强度及温度等参数，通过内置程序计算当天的植物 ET 值（蒸腾蒸发量），然后将计算结果转换成百分比数发送给控制器，实现精确灌溉、降雨停止灌溉、低温减少灌溉量等功能。土壤湿度传感器通过插在土壤中的探头监测土壤湿度，当土壤湿度达到设定上限值时发送信号给控制器，控制器停止灌溉；而当土壤湿度低于设定下限值时，土壤湿度传感器发送信号给控制器，避免植物因缺水凋萎。

整个灌溉和雨水收集循环系统如图 4-32 所示。

图 4-29　HUNTER 控制器

图 4-30　SOLAR SYNC 气候传感器

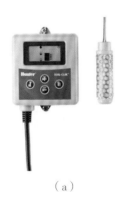

（a）

（b）

图 4-31　土壤湿度传感器

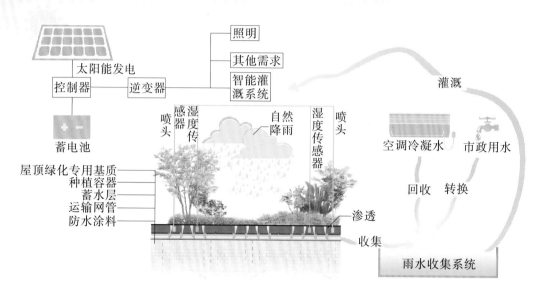

图 4-32 灌溉循环系统示意图

5. 植物配置推荐

考虑房屋的承重问题，在植物配置方面选用较为轻型的花灌木：凤尾竹、旅人蕉、茶花、剑麻、天堂鸟、琴叶珊瑚、红铁等；地被选用铺地锦竹草、佛甲草、红绿草、沿阶草。其共有特性是耐干旱、对泥土肥力要求不高、易养护、成本低、绿化效果快。植物的配置见图 4-33。

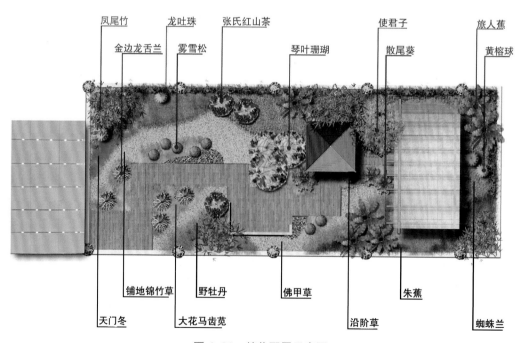

图 4-33 植物配置示意图

6. 成景效果

成景效果见图 4-34 至图 4-37。

图 4-34　成景效果（一）

图 4-35　成景效果（二）

图 4-36　成景效果（三）

图 4-37　成景效果（四）

第五章　阳台、窗台及露台绿化

随着生产力的不断提高，以及科技水平的不断进步，人口的急剧增长，使得城市用地增加而导致绿化面积减少，日益恶化的环境污染等问题已经成为城市化进程的一大障碍。在寸土寸金的背景下，立体绿化应运而生，阳台、窗台和露台等私人化、总量大的立体绿化方式得到广泛推广。阳台、窗台等绿化是园林绿化艺术和建筑技术的结合，是人与自然的完美结合，无论从节能环保方面还是从生态景观方面都是有益的。我国很多大城市已经开始意识到城市生态环境的重要性，并且从政府层面开始研究和推广阳台绿化等立体绿化方式。

第一节　相关概念

阳台、窗台和露台绿化是指利用建筑阳台、窗台和露台进行绿化美化的形式。主要以盆栽、种植槽为主进行绿化，是一种比较常见的立体绿化形式。

1. 阳台绿化

阳台绿化的历史相对较长，古代因受到建筑材料的限制，建筑的承重能力不高，这时候阳台绿化以盆栽轻型的草本和花卉为主。19世纪因为钢筋混凝土的发明，建筑形式渐渐变得多样化，阳台结构也越来越丰富。阳台绿化对提升城市景观和城市绿化量具有明显的效果，很多发达国家纷纷针对阳台绿化进行建设引导，如美国、德国和日本等。

根据不同的阳台类型，可以将阳台绿化分为两大类：封闭式阳台绿化与开放式阳台绿化（图5-1）。封闭式阳台绿化指在室内种植植物，植物的采光和通风等都受限于一道玻璃屏障，在北方寒冷地区比较常见。这类阳台绿化能够明显发挥植物的室内作用，通常种植非耐寒植物，植物单株一般不能过大，高度在2 m以内。开放式阳台绿化直接与室外环境接触，也会直接对城市的公共空间产生影响，一般会选择适合当地气候环境的盆栽植物配合中型木本植物。为了保证植物尽可能多地利用阳光，很多新建的住宅建筑通过楼层错位来提高阳台高度，这种较高楼层阳台绿化，需要对植物进行根系固定或者其他加固措施，最好选用抗风能力强的植物品种。

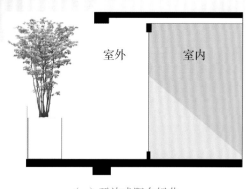

（a）开放式阳台绿化

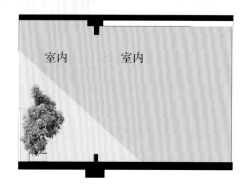

（b）封闭式阳台绿化

图 5-1　开放式阳台绿化与封闭式阳台绿化示意图

　　阳台是住宅室内功能的拓展，也是人生活空间的重要组成部分，因此阳台绿化十分必要。阳台绿化主要有以下几种形式：

　　（1）上垂下吊式。通常用吊兰、垂吊天竺葵等瀑布型植物形成球形或弧形自由垂吊的轻盈飘逸效果，见图 5-2。

图 5-2　上垂下吊式

（2）后爬式：利用植物的缠绕、吸附和卷须等特性，吸附于建筑墙面生长，可以盆栽，也可砌种植槽来栽植植物。

（3）摆花式：包括花卉及山水、花木盆景的制作与摆放，又可以分为架式分层摆设、种植槽种植等摆放形式。

2. 露台绿化

露台绿化是一种不和室内地面直接相接，而是以建筑物的外部空间为基础和室内相联系的绿化形式，在阳台、屋顶和庭院种植花草植物，形成一定的园林小景。

国外露台绿化设计贯穿于现代建筑出现、发展和流行的整个过程，最早是以"空中花园""屋顶花园"等出现。二十世纪后半叶，美国著名建筑师凯文·林奇提出的"对建筑和自然的整合"是他继承沙里宁事务所（美国以人名"沙里宁"命名的建筑师事务所）之后对小沙里宁设计思维的补充与超越，他在继承沙里宁事务所后的首个作品就提出建筑与自然的整合办法，即提供绿化的公共空间，此后在奥克兰博物馆的设计中实践，设计一个台阶式露台花园。这是他对公共绿化空间做了诸多不同形式的探索之后的一个成功案例。

居住建筑中的露台或阳台空间通常会有一些共同特征，比如半私密、半开敞、半透明等，既是室内功能空间的延伸，又可以与户外环境相互衬托。特别是面积较大的露台，一方面除了正常活动空间之外，还可以留出一部分空间放置藤架、植箱和盆栽等，加上攀援植物形成的围栏，不仅能够美化建筑立面，丰富立面层次，还能改善室内微气候，净化室内空气；另一方面，植物形成的绿伞可以减少阳光直射，缓解南方夏季高温的不适感。露台绿化根据不同的露台类型，诸如多层露台、上升露台和地面露台等，需要考虑的观景位置也不同，不同露台高度的观景感受也不同，所以露台绿化的视角预设是设计的一个重要环节。

第二节　阳台的环境条件

由于建筑物地势不同、气候环境不同，以及朝向和采光等差异，阳台绿化需要根据具体的生态条件因时因地考虑，才能取得良好的效果。

1. 光线条件

不同方向的阳台，接受阳光照射的程度有很大差别。南向的阳台受光时间较长，适合种植喜光的植物，而阳台顶部是遮阴区，可以利用这里的遮阴效果采取吊盆悬空等方法种植喜阴植物；另外，南向的阳台随着季节的变化受光情况也会有较大不同，夏至日阳光入射角最大，能够透进室内较深处，冬至日阳光入射角度最小。从夏到冬阳光入射角度慢慢变小，掌握这一规律后可以对阳台可移动的盆栽随着季节变化进行适当调整，这样不仅能种植喜光的植物，连半阴性植物也可以很好地生长。东向阳台通常上午能够接受3～4个小时的日照，12点之后很长一段时间则是荫蔽之地，因而比较适合种植阴性或半阴性植物。西向的阳台由于受到午后强光的照射，要特别注意盛夏时给植物进行遮阴处理，以防晒伤植物，可选择的植物种类比较多，多数喜光耐热的花木都能在西向阳台很好地生长。北向的阳台多数时间处于荫蔽环境，适合种植吊兰、吉祥草、秋海棠和兰草等耐阴植物。无论是何种朝向的阳台，只要不是完全开敞的露台，光线总是按照一定方向和一定角度直射进入，阳台上不同位置的植物受到的光照也不是完全均匀一致的，如果条件允许，最好经常改变花盆或种植器的位置，保证植物能够均匀受光，有利于其生长。

2. 温度条件

温度是影响植物生长发育极其重要的因素。南向阳台在冬季时因为有充足的阳光，是不耐寒花木的良好越冬之地；夏天朝北的阳台比较阴凉，是不耐高热花木的良好避暑之地；寒冷的冬季则以放置耐寒植物为宜。

3. 风力条件

阳台的风力情况和住宅的地势条件、层高以及四周的建筑密度等有很大的关系。如果建筑地势较高，阳台又刚好顺着风向，风力就会很强，甚至足以吹翻阳台上的大型盆栽；而地势较低的建筑，周围建筑相对较高，可以抵挡住一部分风力，进而减弱阳台受强风的影响。阳台风力的强弱又能直接影响阳台上的温度与湿度。风力强，水分蒸发自然就快，空气干燥，蒸发还会带走一部分热量，造成阳台温度下降，为了保证植物的正常生长，就要给植物适当补水；对于封闭式的阳台，空气对流受阻，要注意通风换气。

总之，不同场所、不同层高的阳台，生态条件差异很大，绿化时需扬长避短，根据不同的温度、光照、风力的变化，合理选择花草苗木，既要创造一个适合植物生长的良好生态环境，又要保证阳台植物种类的丰富性。

第三节　阳台、露台绿化设计要点

因为建筑技术的进步，阳台和露台的空间形式呈现了多样化，这给设计师提供了更多可发挥的空间，让阳台变成真正的"空中花园"。但仍然有一个严重的问题，即无论哪一种类型的阳台荷载都是有限的，设计过于复杂的绿化景观都是不恰当的，因此不能选用太多较重的构件，同时还要避免把绿化构件集中放置于一端。此外，阳台的使用空间有限，最好不要放置大量的植箱，以免影响阳台的生活功能，在兼顾各项活动功能的同时还要满足多方面的设计要求。

1. 场地规划

设计是一项精细繁杂的工作，不仅需要考虑到周围环境和设计意图的兼容性，更要做到简单而有品位，因为阳台、露台花园具有更明显的视觉聚焦效果，过于复杂的设计反而让人产生视觉疲劳感。阳台或露台花园设计应坚持的一个原则是：简洁明了。一个简洁的现代主义风格作品普遍适用于任何新建筑。

在夏季炎热的时候，露台就座的区域通常是环绕整个建筑的，这样在太阳一天的运动轨迹中，可以根据光照区或者阴影区选择座位。但是露台并不一定非得和建筑直接相连，只需要稍加设计就可以解决日晒的问题，就是在建筑和露台之间用露台花园过渡。通常阳台、露台都会受到场地尺寸的限制，前期的规划设计就显得尤为重要。开始设计前，首先需了解场地空间情况和规划设计所要考虑的所有内容，比如主导风向、日照特点、最佳视野、出入口高差、墙面和屋顶的环境和其他附属设施情况，这些要素的总和决定着这个阳台或者露台的设计风格。

2. 风格设计

设计中不应把室内和室外两个空间独立开来，而应该把阳台、露台作为室内空间的延伸，同时室外的自然美景也可以被引用进来突出设计效果。通过组合各种家具、植物的材料和色彩等，有利于创造整体的空间氛围。比如，在通往室外的楼梯中放置一些具有特定色彩的植物，会加强室内外空间的联系，更理想化的状态是用大面积落地玻璃门窗来划分室内外空间，保持空间通透，减少视线干扰，也可以用种植箱来分隔视线或者引导视觉焦点。

3. 空间划分

阳台或者升起的露台通常都比地面上的露台花园小，它们的绿化和室内设计有异曲同工之妙，甚至很多方面用着相同的技巧。很少人会在室内空间中随意安放地毯、挂画、家具或者其他饰品，但是很多人经常发生忽略外部空间设备是否合理安放的情况，比如室外座椅、种植箱以及植床等的摆放。在创造风格和选择材料前，首要的工作就是合理分配场地空间以及给绿化的主要功能元素定位，明确场地中最需要表达的是什么以及最大的限制条件是什么，比如主导风的来向以及需要怎样阻隔或过滤不需要的强风，一天中的阴影区会出现在哪里等等，分析完这些就可以把娱乐、就座观赏等区域合理划分了。另外，视野的处理也很关键，好与不好的景观不能一览无余，好的景观应该被强调，而不好的景观可能需要隐蔽起来。还要注意一些隐私问题，比如邻居是否会通过阳台或者露台看到家中的一切，种植箱中的小植物和顶棚廊架就可以有效解决这个问题。

4. 造型处理

不同尺寸的场地，造型处理的手法不尽相同。对于狭长的地块，需要根据对室外开门的位置来确定如何处理造型，如果从一端进入阳台或者露台，空间将会从你所处的方位开始延伸，此时可以利用边界、地面和隔断物等处理手法鼓励你通过这个狭长的空间，在边界种植可以很好地引导你绕过转角，还可以柔化转角的生硬感。站在设计者的立场，方形地块是最难处理的，因为缺少了一些积极的方向动感，这个问题可以通过对对角直线的处理来解决，会让人觉得阳台或露台花园比实际的要大，而且可以把人的目光从静态造型上吸引过来转投到线性的动感设计中。

5. 色彩选择

室内家装的颜色和室外植物及其他配饰的颜色需要统筹考虑，当使用色彩的时候，自然光对色调效果的影响需要仔细考虑。比如说，同样是灰色调，室内的灰色效果显然没有花园中明显，为了保证室内外色彩的协调，需要将室外的色调稍微调暗。花园中要谨慎使用白色，尤其是大面积的露台。大面积使用白色会使人产生眩晕感而将目光移开，而使用灰色就显得柔和很多且眼睛不会有不适感。黄色或者红色之类的暖色调会更吸引眼球以及产生缩小空间的错觉；而冷色调的作用相反，这时候在露台尽端放置橙色的桌布或者遮阳伞会马上吸引人的目光，而中途的内容会被忽略掉。鲜亮的色彩比较适合于靠近室内一侧或者设计者需要强调某一主景的时候。

第四节　阳台、露台的植物选择

1. 阳台、露台绿化布置原则

（1）必须充分考虑阳台荷载，确保环境及路人的人身安全。切勿放置过重的盆槽。

（2）尽可能选用轻质的栽培介质，以保水保肥较好的腐殖土、蚯蚓土等为宜，也可以使用蛭石、煤灰等。

（3）阳台、露台绿化的材料和植物栽植需要注意和建筑物协调，尤其是临街的阳台更要注意绿化景观的整体效果。

（4）植物选择需要根据阳台的形式和构造合理搭配，要注意植物对外部环境条件的要求，比如喜光、抗旱、耐湿、耐阴等，还要注意植物的不同形态特征和花期，最好"四季有花，常年留香"。

（5）必须注意阳台地面、顶部、扶手栏杆和内墙体等不同位置的绿化层次，形成内外结合、上下结合的多功能、多层次绿化效果。

2. 阳台、露台绿化植物选择

较大面积的露台或阳台须考虑植物的搭配设计，多种绿化植物组合可以形成具有生态效益的微型植物群落。但不是所有植物都能任意搭配，有些植物相互间会产生很强的竞争关系，所以在搭配植物时要仔细考虑。不同空间的尺度，植物搭配方式不同，且按照乔木＋灌木＋地被的垂直层次搭配不同品种的植物，显示出的尺度效果也不同，丰富饱满的园林景观无一例外采用的均是复合化、多层次的搭配手法。该手法通常是以地被植物为背景，配以小乔木及大灌木作为视觉焦点，灌木则起到烘托空间、丰富绿化层次的作用，增加了观赏的趣味性。

阳台、露台立体绿化还要考虑植物生长周期的特点，合理搭配植物，如果忽视植物的生长周期变化，只种植单一品种或者生长周期相近的植物，容易导致植物景观在某个时间段或某些季节普遍衰败而影响景观效果。为营造绿化景观良好的持续性，植物搭配时可将一年生和多年生植物组合，季节性落叶植物与常绿植物组合，不同花期开花植物组合。

对于广州市楼房的阳台、露台的立体绿化，推荐表5-1所示的几种乔灌草结合的植物群落搭配方式。

表 5-1　植物群落搭配

序号	乔木	灌木	草本
1	小叶榕、榄树、朴树、假萍婆	散尾葵	春羽、艳山姜
2	红花羊蹄甲	山茶、海芋、艳山姜	地毯草
3	粉单竹	黑秒锣、刺秒锣	地毯草
4	蒲葵	南天竺、海桐	大叶仙茅、红花醉浆草
5	半枫荷	冬红、毛茉莉	地毯草
6	盆架树	红背桂、假连翘	吊竹梅
7	白兰	大叶米兰	珠兰
8	大叶桉	长叶竹柏、棕竹	地毯草

3. 阳台、窗台的绿化布置

现在新建住宅阳台宽度大多在1～2 m之间，布置绿化时需尽量选用多层棚架来放置盆栽，使阳台绿化向三维空间拓展，对于阳光充足的地方可在铁栅栏前加套架，用套圈固定种植器来栽植植物；也可在阳台、露台尽头一端或两端放棚架、花架等设施，自下而上逐层摆放花盆，节约横向空间场地。注意：布置时需要预留足够的晾晒场所或者其他生活必需的活动空间。

（1）阳台、露台铁栅栏的绿化布置。铁栅栏通风透光效果好，植物在铁栅栏上下、内外两边都可以生长。铁栅栏上还可以装铁架，架上放置种植器和花盆，栽植花草苗木，还可以根据不同季节更换植物品种，这样就可以一年四季繁花不断。铁栅栏下可以放种植器，种上矮牵牛，任其自由伸出铁栅栏之外；还可以种茑萝、牵牛等一年生草藤本植物，使其缠绕铁栅栏生长，形成绿墙；紫鸭趾草和松叶菊等匍匐茎类植物也是不错的选择，任其伸出铁栅栏外垂吊而下。铁栅栏下部对外一面可以安置套架，放上种植器并栽植植物。种植器重量应该从下往上逐渐减小，保持重心稳定。通常铁栅栏柱高 1.2 m 左右，种植器不能放太多，需要留有适当的空间，盆栽要按高低、大小错落有致摆放，才不至于使人产生紧迫感。在植物种类选择上，下部主要是多年生花木，而中上部以四季草花为宜，便于随季节更换植物，使阳台、露台绿化经常保持新鲜活泼，富于变化。

（2）花架的安置和装饰。为充分利用有限的空间，让小阳台也能种植更多花木，一般会在阳台两端或者靠近室内墙体的一侧放置花架，上下层安放花盆、山水盆景或树桩等。如果时常更换调节这些"展品"，就能带来不一样的新鲜感。

（3）窗台绿化。有些不带阳台的居室，或者一些大面积开窗的公共建筑（例如教学楼、医院），在窗台边进行绿化装饰也能起到很好的美化效果（图5-3）。主要有两种布局方式：一是在窗台上放置花盆或种植器来栽植植物（图5-4）；二是在窗台边加设铁栅栏、挂架等设施来安放种植器并栽植植物（图5-5），除了栽植灌木、草花外，还可以选用一些藤本植物，使其顺着墙壁攀附，形成绿墙。西晒的窗户，可在窗台外设挂架安放种植槽，以种植藤本类植物（如牵牛、茑萝）为主，也可以在窗户上方用绳子向下牵引并让藤蔓植物顺着绳子往上爬，长成活的绿色帷幔，效果十分幽雅。

图5-3 公共建筑窗台绿化

图 5-4　窗台花盆

图 5-5　窗台铁栅栏

（4）吊盆的使用。吊盆以种植耐阴性、蔓性植物为宜，特别是喜阴湿的兰科植物，如蝉兰、吊兰、蕨类和石斛等。对于阳光充裕的大空间，可以用吊盆种植四季花卉。吊盆大小根据位置而定，但总的来说不宜过大，以免掉落伤人。吊盆应待植物栽入之后再悬挂起来，而不是先悬挂后栽植物。种植观叶植物的吊盆可选用苔藓作为填充土，有利于保水；如果栽植花卉，可选用容重较轻、透气性好、保水保肥效果较好的蛭石和蚯蚓土作为介质，有利于植物生长。

第五节　阳台、露台绿化技术应用

建筑绿化对节能减排、改善生态环境有积极作用已经越来越成为人们的共识，但是高额的造价却让多数普通人望而却步。技术的变革和新型材料的涌现打破了这一窘境，智能化灌溉系统、废弃材料的循环利用、雨水收集系统等新技术的应用，以及科学的养护管理措施，大大降低了建造成本和维护成本，为建筑绿化的推广普及带来更大可能性。一般情况下，传统露台绿化造价为 $300 \sim 500$ 元 $/m^2$，但是采用薄层绿化技术，降低建造层厚度，不仅可以减少材料的运输成本，预置成品还可以减少建造工期，节约人工开支，使得整体建造成本大幅下降。后期维护管理费用可以利用雨水收集系统定期养护，同样可以节约后期的开支。

1. 轻量化技术

荷载设计是否合理决定着建设方案是否可行，阳台和露台的承重能力同样需要合理的荷载设计来支撑。植物生长定型需要一定的时间，因而植物在不同生长阶段的重量也会随之变化，一般采用经验估算的方法来大致计算植物荷载。大多数露台绿化荷载主要来源于静荷载，所以降低屋面、阳台、露台的荷载应从静荷载量入手，通常是在满足植物生长必需的前提下，适当减小种植土厚度，基质、建筑小品等尽可能选用轻质材料。

2. 防水技术

在露台铺设防水层主要有两种方式，一种是用沥青防水卷材进行铺设，另一种是用高聚物材料进行铺设。沥青防水卷材做防水层时至少需要铺设两层，其中至少有一层要以黄麻布或玻璃纤维布来做背衬；高聚物做防水层时只需要铺设一层或者两层即可。

3. 排水技术

设计良好的排水系统能较好地保证建筑室内的正常使用。如果建筑绿化排水系统出现问题，当遭遇暴雨或大雨时容易造成积水，不仅植物生存受到威胁，也会影响建筑使用寿命，因此必须严格做好建筑的排水系统设计。建筑主要有三种排水方式：一种是檐沟外排水，即把屋面水汇集到沿沟里，再由沟渠纵坡顺势把水倒入排水口，这种方式排水简单、通畅；第二种是屋面内排水，除了与其他排水结构相连外，屋面铺装下也需要铺设排水层，为了不影响绿化种植，可以将排水口置在建筑之外；第三种是女儿墙排水，通常与绿化范围之间留有一定距离，由女儿墙构成屋面排水沟，进入管道，也有很多建筑取消了排水沟，取而代之的是在种植面上预留排水位置，这种形式整体造型简洁又经济方便，最大化地利用了绿化空间，景观视野较好，还能明显提高建筑隔热效果。

第六节 案例：广州市窗台绿化技术研究与示范项目

试点分别位于天河区黄埔大道、越秀区中山一路、沿江西路。建筑类型涉及商业建筑（勤建商务大厦）、学校建筑（冼村小学、育才中学）、公共道路等。图5-6所示为工作人员在施工作业。

图5-6 窗台绿化施工作业

1. 容器的选择和专用栽培基质的配比

（1）容器的选择

通过结构形式与容器的初步筛选，在容器标准、场地适用的前提下挑选适合阳台、窗台种植的容器，通过进一步试验研究出既实用又节能的容器。

阳台、窗台绿化对容器选择的要求为：重量轻、结实耐用，并尽可能具备蓄水节能、自给水功能，植物后期养护便利。为达到本项目作为技术研究与示范的目的，阳台、窗台绿化的容器选择采用实用新型专利"蓄水种植盆及其基架"产品，此专利产品的蓄水种植盆能够完全达到窗台绿化对容器选择的要求。针对不同的建筑类型，根据蓄水种植盆的专利技术设计采用了两种方案：

方案一 此方案有两种花盆：一种花盆规格为长 500 mm、宽 300 mm、高 350 mm，见图 5-7a；另一花盆规格为长 300 mm、宽 300 mm、高 350 mm，见图 5-7b。利用两种尺度的花盆来自由搭配美化小型阳台、窗台空间。花盆设计有蓄水层，具备自给水功能，同时配备液位计，为居民更为轻松便利的后续养护提供了帮助。考虑到业主的景观要求，以及承重的安全性，花盆采用聚丙烯（PP 塑料）材质，具有优良的抗吸湿性、抗酸碱腐蚀性、抗溶解性。此方案适用于居民楼等空间较小、无法安装给排水系统的阳台、窗台。

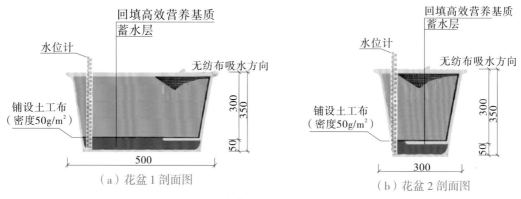

（a）花盆 1 剖面图　　　　　　（b）花盆 2 剖面图

图 5-7　方案一两种规格的花盆

（长度单位：mm）

方案二 此方案有两种花盆：一种花盆规格为长 500 mm、宽 300 mm、高 350 mm；另一种花盆规格为长 300 mm、宽 300 mm、高 350 mm。利用两种尺度的花盆来自由搭配，美化阳台、窗台空间。花盆设计有给排水装置，具备自给水功能，为轻松便利的后续养护提供了帮助。此方案适用于公共建筑，也适用于安装给排水系统的阳台、窗台绿化，其花盆构造见图 5-8。

（2）专用栽培基质的配比

针对多数阳台、窗台结构承载力低，对栽培基质进行研究，目的是使其轻质化；并且，为达到后期方便养护的目的，通过基质养分调控技术和保水控水技术来实现栽培基质的肥效持久和保水力强的特性。

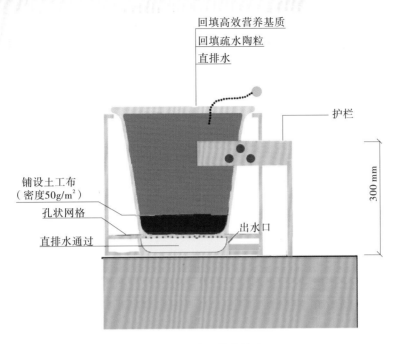

回填高效营养基质
回填疏水陶粒
直排水

护栏

300 mm

铺设土工布
（密度50g/m²）

孔状网格

直排水通过

出水口

图 5-8　方案二花盆构造

通过大量研究确定了适合阳台、窗台专用的栽培基质配方：以园林废弃物堆肥、泥炭、椰糠为主料，可以降低基质容重，实现轻质化；在基质中添加一定量的复合肥、磷矿粉（含磷 23.02%）、轻烧氧化镁（含镁 70.0%）、有机肥、生物菌肥，在保证大量元素供应的同时又补充了中微量元素，并且优化了基质的微生物环境，增加有益微生物的含量，降低植物发病率；通过应用保水剂和润湿剂增强基质的保水吸水特性，在一定程度上减少淋水次数，提高水分利用率。

2. 给排水技术

（1）灌溉技术

节水技术，包括选择抗旱植物，进行节水型植物配置，加强栽培基质和排水层的储水能力。根据现场情况，采用不同的节水灌溉技术，达到省水、节能、易适应的目的。比如，直接摆放式采用滴灌技术，直接种植式采用喷灌技术，挂式采用人工灌溉。

（2）排水技术

建筑结构及种植容器的结构形式对排水有一定影响。本项目进行种植容器过滤层的排水性能测试试验，筛选出好的排水方式。冼村小学、育才中学、沿江西路簕杜鹃花槽的容器底层铺垫为土工布—陶粒—土工布—基质土，以达到良好的疏水效果；勤建大厦实行勤施薄肥，多松土操作，让土壤保持养分且不板结、保水且不积水；沿江西路灯柱挂花在椰棕花盆外层铺薄膜防止漏水滴到路边行人。

3. 阳台、窗台绿化植物管养技术

（1）水分管理

阳台、窗台环境较地面更为干燥，应多给绿化植物浇水。一般花卉植被春、秋两季每天浇一次透水。夏季则需在上午浇一次，傍晚再浇一次透水，遇到干旱、炎热的气候，每天上、下午还应向枝叶及地面喷水来提高空气湿度。冬季气温低，许多花卉进入休眠或半休眠状态，应保持盆土干燥。通常每月选一晴天中午浇一次水即可。大规模有序的窗台绿化如冼村小学、育才中学、勤建大厦、沿江西路簕杜鹃花槽，布置灌溉系统。零星的窗台绿化如沿江西路灯柱挂花大多进行人工浇水。

（2）施肥

阳台、窗台绿化不论是盆栽还是池槽栽，营养土都不会太多，因此，在施肥问题上应做到"薄肥勤施"。每次施肥过多容易造成烧苗，施肥间隔期过长又易造成脱肥。具体施肥量及间隔期应根据植物本身及季节而定。

（3）修剪整枝

及时修枝整形，不仅可以使株形整齐、姿态优美，而且有利于植物长芽抽梢，开花结果。

（4）病虫害防治

关于病虫害，原则上是以预防为主，综合防治。阳台、窗台由于位置特殊，当病虫害发生时不适宜喷药。一般用液体药剂浸渍或涂搽植物，或用固体颗粒药剂让植物自根部吸收，也可以人工去除。

4. 植物品种推荐

由于阳台、窗台的空间比较小，种花的盆器容积小，阳台花卉应以植株小、紧凑、根系较浅的草花，藤蔓植物和小型木本花卉为主。

根据广州市的气候条件及立地现状，建议公共建筑部分采用单一品种植物。例如，光线充足且无其他建筑遮蔽的窗台种植簕杜鹃，光线不充足的窗台种植龙吐珠或天门冬等，以美化城市建筑竖向空间，形成规模效应，突显广州花城特色。而居民阳台、窗台由于可使用绿化面积小，建议多种草本植物及小型木本植物，营造一个雅致丰富的绿化景观。植物品种推荐详见第五章第四节。

5. 示范点绿化情况实景图

（1）冼村小学2015年7月绿化景观建设完毕，建成后的实景见图5-9、图5-10。

图 5-9 冼村小学窗台绿化（一）

图 5-10 冼村小学窗台绿化（二）

（2）育才中学绿化景观于 2015 年 12 月建设完毕，建成后的实景见图 5-11。

图 5-11　育才中学窗台绿化

（3）勤建大厦绿化景观于 2015 年 12 月建设完毕，建成后的实景见图 5-12、图 5-13。

图 5-12　勤建大厦露台绿化景观（一）

图 5-13 勤建大厦露台绿化景观（二）

第六章　墙面绿化

第一节　相关概念

"设想有一栋10层高的大楼，楼的外墙上生长着郁郁葱葱的植物，这栋大楼要依靠自己的生物渗透性'肌肤'与具备兼容性的机械结构系统来维持给养。再想象这样的场景：我们的交通干线上有连绵不断的绿叶植物和花草做隔音屏障，每平方米的绿色植物都产生氧气，吸收大气中的二氧化碳和空气中的悬浮颗粒物，甚至可以给小鸟的巢穴遮风挡雨。这就是绿墙。"[①]

——乔纳森·查尔斯·科伊

1. 墙面绿化定义

墙面绿化是指利用建筑物外墙或者墙面构件进行绿化，起到遮阳隔热、改善生态环境、装饰等作用，也包括各种硬质构筑物墙体的绿化，具有占地面积少而绿化面积大的特征。目前，国内外墙体绿化技术水平不断提高。墙体绿化主要有以下几种形式：

（1）吸附式：攀援植物利用吸附、攀爬、缠绕的能力，选择比较粗糙的建筑墙面，攀附生长，形成绿墙。这种方式具有造价低、图案单一、受季节气候限制大等特点。

（2）构架式：通常紧贴墙面或距离墙面5～10 cm处构建辅助构架，利用攀爬植物的缠绕、卷须等固有特点，使植物沿着构件攀援生长。这种方式具有植物更换方便的优势，但存在影响建筑外观形象、构架锈蚀破坏植物生长等劣势。

（3）种植槽式：在建筑墙面、阳台等位置设计一定尺寸的槽形种植空间，用来种植绿化植物，并设有灌溉和排水系统。这种方式需要保证种植槽有450 mm以上的深度，300 mm以上的宽度，确保植物的生存环境。

（4）模块式：采取固定在建筑墙面的方形、菱形等几何模块槽，在槽内放置种植容器。几何模块槽安装便捷，自动灌溉，但造价较高，墙面是立体绿化向三维空间发展的有效方式，对城市空间、城市面貌都有很大影响。

[①] 维拉·斯卡兰. 建筑墙面绿化［M］. 桂林：广西师范大学出版社，2015.

在 2010 年的上海世博会上，展示了很多成功的墙面绿化案例，有城市主题馆、法国馆、阿尔萨斯案例馆等，展现了当今世界建筑绿化势不可挡的发展趋势。

2. 墙面绿化主要技术方式

墙面绿化技术方式可以细分为种植槽式、攀爬或垂吊式、板槽式、模块式、铺贴式、布袋式、水培式和生态绿墙式等。

（1）种植槽式。种植槽式墙面绿化（图 6-1）的技术水平比较成熟，适用范围也比较广泛，可用于不同高度的建筑外墙之上，特别是较为高大的建筑。

图 6-1 种植槽式墙面绿化

种植槽式墙面绿化在紧贴墙面或距墙面 5～10 cm 处搭建平行于墙面的骨架，骨架固定于墙体上（深度大于 20 cm）再将种植槽嵌入骨架中，骨架应做防腐处理，此外还应设计滴灌系统，见图 6-2、图 6-3。

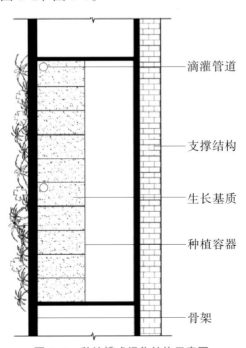

滴灌管道

支撑结构

生长基质

种植容器

骨架

图 6-2 种植槽式绿化结构示意图

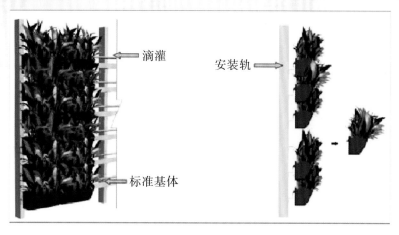

图6 3 种植槽式绿化分解示意图

图片来源：张祥明《结合立体绿化的建筑外立面设计研究》

（2）攀爬或垂吊式。在墙面预先留出安置植槽的空间，装上种植槽后栽植具有攀爬或垂吊特性的植物。这种方式操作简便，植物存活率高且时间较长，管理维护成本低。其结构与效果见图6-4、图6-5。

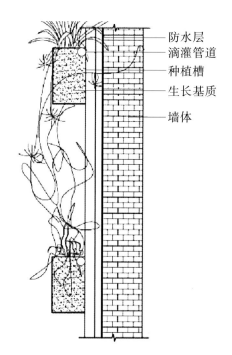

图6-4 攀爬或垂吊式绿化结构示意图

图片来源：张祥明《结合立体绿化的建筑外立面设计研究》

（a）

（b）

图6-5 攀爬或垂吊式绿化效果

图片来源：高迪国际出版香港有限公司编的《会呼吸的墙》

攀爬或垂吊式墙面绿化的做法是：于墙下沿、上沿部砌条形花槽，于墙顶砌花基，但砌花基前必须核算墙体的承载能力，确保安全。不同种类的植物攀爬能力有较大差别，也会受到建筑外墙表面粗糙程度的影响，攀援植物不容易依附于光滑的表面，这就需采取一定辅助措施帮助其攀爬生长，如架设木架、攀援网等。支架、攀援网须固定在建筑墙面、混凝土墙板或者其他建筑构件上，装上防锈螺栓及木榫，螺钉和地脚螺栓都需要做防锈处理。这种方式普遍且成本低，又能达到良好的景观效果。

（3）板槽式。在建筑墙体上以一定的间距安置 V 形板式种植槽，在板槽里放入种植基质，栽植植物。板槽式绿化结构见图 6-6，墙面绿化效果见图 6-7。

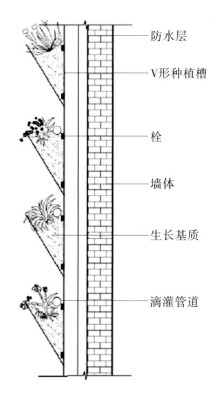

防水层

V形种植槽

栓

墙体

生长基质

滴灌管道

图 6-6　板槽式绿化结构示意图

图片来源：张祥明《结合立体绿化的建筑外立面设计研究》

（a）

（b）

图6-7　板槽式墙面绿化效果

图片来源：高迪国际出版香港有限公司编的《会呼吸的墙》

（4）模块式。模块式墙体绿化可以高密度地种植多种植物，模块里的植物及植物造型通常会根据客户要求在苗圃中预制，需要数星期至数月不等的栽培养护时间，再运往绿化现场进行施工安装。模块构件由种植盒、种植基质和植物三部分组成，种植盒长宽不超过 50 cm，重量须控制在 10 kg～15 kg，绿化模块的重量和风载力大小需经过具备相关资质的单位或结构工程师严格计算，模块式绿化结构及其分解见图 6-8、图 6-9。预先栽培养护好的植物，应根据不同形状特点，搭接或绑缚固定在不锈钢骨架上。模块形状千变万化，有圆形、方形、菱形以及其他不规则图形，植物搭配灵活，面积较大，成景效果好（图 6-10）。

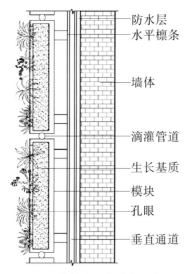

防水层
水平檩条

墙体

滴灌管道
生长基质
模块
孔眼

垂直通道

图 6-8　模块式绿化结构示意图
图片来源：张祥明《结合立体绿化的建筑外立面设计研究》

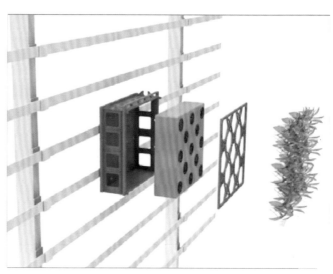

图 6-9　模块式绿化分解示意图
图片来源：张祥明《结合立体绿化的建筑外立面设计研究》

（a）　　　　　　　　　　　　　　　　　（b）

图 6-10　模块式墙面绿化效果
图片来源：高迪国际出版香港有限公司编的《会呼吸的墙》

（5）铺贴式。铺贴式是指在钢筋混凝土、不锈钢或其他材料制成的垂直面架上安置盆花，也可以直接在建筑墙面加设人工种植基盘来实现墙面绿化的一种形式（图6-11）。在平行于墙面的支撑骨架上安装花槽，安装和拆卸都比较容易，形式简单，多数是临时性的。

（a）

（b）

图6-11　铺贴式墙面绿化

图片来源：高迪国际出版香港有限公司编的《会呼吸的墙》

铺贴式墙面绿化应做防水处理且要设置排水系统，可选择在墙面铺贴生长基质、将植物种子用喷播的方式喷于墙体形成生长系统；或空心砌墙砖绿化方式，砖上留有植生孔，砖体内装有肥料、草籽和土壤等混合物，还可在砖体内安装微灌系统，由于植物的趋光性，花草从砖面植生孔生长出来向上发展从而覆盖墙面。加装微灌设备后系统的总厚度为 10～15 cm。

（6）布袋式。布袋式墙面绿化指直接在墙面上铺设软性植物生长载体，如无纺布、毛毡、椰丝纤维等，然后用载体材料缝制填充有植物生长基质的布袋，再在布袋里种植植物（图6-12）。这种方式适用于景墙、临时性植物装饰墙体及低矮墙体，适用于室内或室外。栽植布袋应具备抗植物根系穿刺的能力，此外需要安装灌溉设备和固定栓，固定栓应做防锈处理，还要对墙面进行防水处理。

图 6-12　布袋式墙面绿化

图片来源：高迪国际出版香港有限公司编的《会呼吸的墙》

（7）水培式。水培式墙面绿化是指在墙面安置辅助骨架，把板材焊接在骨架上，再把作为种植载体的高分子材料织物包裹在板材表面，将植物种子塞进织物载体里，配合营养液渗灌系统，栽培植物长大成形而实现墙面绿化，一般使用的是无土栽培方式，其结构如图6-13所示，传统的土培式墙面绿化存在自重大的问题，法国植物学家帕特里克·布兰克对此开发并研制了无土栽培墙体绿化来降低外墙的承重负担，其中用了两层毛毡布为植物根部提供生长的附着空间。这种绿化方式很快在世界范围内引起关注，并逐渐运用到建筑外墙体上，获得了良好的景观效果，还能加强建筑立面的整体性。帕特里克·布兰克设计的一座住宅墙面绿化，绿化植物被毛毡紧缚在墙面上，再用结实的 PVC 板材将其固定，正是水培式墙面绿化方式（图 6-14）。

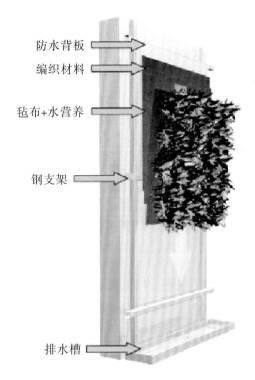

防水背板

编织材料

毡布+水营养

钢支架

排水槽

图 6-13 水培式绿化结构示意图

图片来源：（德国）乌菲伦《当代景观：立面绿化设计》

图 6-14 水培式墙面绿化

图片来源：高迪国际出版香港有限公司编的《会呼吸的墙》

（8）生态绿墙式。生态绿墙即采用生态一体化种植方式，和其他立体绿化技术不一样，是把植物种子与土壤放在有孔隙的特殊材料中培植，孔隙大小要适中，以防影响建筑物的坚固性。具体做法是将水泥与大颗粒骨料按一定比例融合并均匀搅拌，待凝固后就能形成大孔隙混凝土墙体，再将配置好供植物生长所需的营养基质灌入混凝土孔隙中，然后种入植物种子或者相应的苗木植株，植物的根部可以伸入混凝土骨架的孔隙中。这类新型的墙面绿化技术难度较大，墙体内侧仍然用传统建筑材料，而外一侧用的则是有机绿化材料，两者用加固材料连接，目前该方式应用实例较少，还无法普及。

表 6-1 是以上各类墙面绿化技术方式对比。

表 6-1　墙面绿化技术方式对比

技术方式	优　点	缺　点	适用范围
种植槽／板槽	安装简便、快捷，更换容易，养护简单，成效快且效果良好，可选择的植物种类多	经济成本适中，植物覆盖率稍差	室内外都可以，应用范围广
模块／铺贴	植物成活率、覆盖率较高，植物种类丰富，图案多样，现场施工时间短，景观时效长，区域广，易更换和维护	安全系数高，造价较高，不规则图案施工较麻烦	高低层建筑均适用，范围广
布袋	自重轻，养护简单，成效快且效果良好	布袋应具备抗穿刺的能力，要对墙面进行防水处理	景墙、临时性植物装饰及低矮墙体
水培	自重轻，绿化墙的厚度较薄，适应不同曲面造型	植物种类较少，耐寒性较差，造价高	较适用于室内
攀爬或垂吊式	成本低，现场施工时间短，植物成活率高	景观成效慢，植物种类少，图案变化少	较适用于室外
生态绿墙	绿化覆盖率高，景观效果好	经济成本高，施工较复杂	较适用于室外

第二节　墙面绿化设计

建筑外立面与立体绿化结合有多种方式。绿化方式的不同使建筑外立面景观丰富多彩。建筑立体绿化设计应符合一定的美学要求，建筑外立面与绿化植物共同形成一个整体，既和谐统一，又富于变化。无论是从建筑的使用功能还是整体环境风貌的要求出发，它们的色彩、形式、质地和材料等都存在一定的差异。这些客观存在因素及不同功能组成构成了建筑墙面绿化的多样性。但是不同绿墙之间又具有相似或共同的功能特性，因而必须采取统一的处理方式。

1. 点线面结合

建筑立面中颜色、大小各异的窗户相对于整块立面来说可以看成点的构图元素，不同布局手法的立体绿化也可以作为点要素在建筑立面得到表现。点在空间形态上有强调重点的意味，视觉上也有凝视集中的吸引效果，如果能和建筑立面背景、颜色协调搭配，必然能够取得良好的景观效果。

当点要素按照某一轨迹连续有序地排列，在构图上形成虚线或者实线，点就转化为线了，线具有一定的方向性，形成垂直线、水平线、斜线。植物沿着某一方向有序指引着观赏者的视线，达到延伸建筑外立面线条的效果，又能使建筑厚重的体积感变得柔和起来。线和面是一种相对关系，细而长被视为线，宽而粗则被视为面。当建筑外立面平淡无奇又过于厚重，就可以用线性元素分割立面体块来打破建筑厚重的体积感，还可以增加立面构图的多样性及丰富立面色彩。不同特性的线表现力不同，给人的心理感受也不一样，水平线显得平稳、广阔，能够营造亲切、平和的氛围；垂直线显得严肃崇高，笔直向上，力量感十足；曲线则让人感觉轻松灵动，活泼跳跃。

立体绿化作为面要素出现，会占据更多的空间，不但和建筑立面交错、融合、形体拼接，而且构图灵活多变，立体感强，能够带来不同的视觉体验。从某些立体绿化设计作品中可以看到绿化覆盖整个建筑外表面，从远处看几乎把建筑构件完全遮挡了，营造出一种若隐若现的朦胧美。小体量的建筑外墙要避免做太多的变化，而大体量的建筑外墙则应该做些细部变化，避免单调呆板。立体绿化面状布置时还应该注意面积大小比例要适当，太小达不到应有的生态效应，太大又显得枯燥乏味，可以根据植物色彩的拼贴搭配、材质肌理的组合等措施来实现不同面积大小的需求。

2. 材质肌理

不同的建筑表皮材质也不一样，如玻璃、混凝土、装饰涂料、石材、面砖和金属等表皮材质，呈现出来的肌理质感千差万别，表达的情感和体验也不尽相同，即使是同种材质用不同的组合方式带来的心理感受也不同。作为和建筑墙面相依相存的墙面绿化，对建筑外墙原有的肌理质感有明显影响，绿化植物天生的"一次质感"和与建筑组合、拼贴形成的"二次质感"，在不同的处理手法下能够满足各类建筑的不同质感要求。另外，绿化植物的质感也会受到自身软硬、纹理等多方面的影响，不同植物搭配组合以及植物生命周期的变化都会影响植物的质感效果。

当植物不受任何外界因素干预，遵循自然生长的方向时，能保留原生态的自然美，这类自然式墙面绿化就会呈现出自然的肌理质感。自然式的墙面绿化建造成本低，技术简单，在墙面绿化中较为普遍。

植物经过人工的处理和设计，就能形成较为有序精致的绿化肌理效果，比自然式生长的肌理多了一丝构图感，但是需要更多的维护和管理。要保持绿化景观效果，就需要用特定的辅助生长介质来保证植物按照预期的效果生长，因而建造工艺较为复杂，后期管理成本也高。

3. 色彩调和

结合建筑外墙及周边环境特点，对色彩设计的准确把控也是墙面立体绿化的重要方面。当两种或两种以上色彩并置时，色彩之间会相互影响而呈现出单独出现时不曾有的视觉效果；这就是色彩的对比。不同植物在色相以及色彩明度上都能产生对比效果。色相对比是指色环上的不同色彩并置时产生的色相差异，在色环上相距越远的色彩，对比效果越强烈；明度对比是指色彩并置时产生的明度差异，主要用来调节建筑外墙及环境的空间相互关系以及形成具有丰富层次感的整体效果。

在色相上，当建筑外墙面运用多种绿化植物组合时，不同植物间会产生不同程度的对比效果；而同种植物间的对比效果则较弱，会达到一种统一的效果，但切忌单调沉闷的大面积单纯色。不同种类的植物在色相上相近时产生的对比效果要强于同种植物，但是整体来看还是比较和谐的。植物间色彩差距越大对比效果越明显，也十分醒目，尤其是色环上的互补色，巨大的反差效果让人印象深刻；但是这类色彩的组合运用却很难和建筑外墙及周边环境很好地融合。

植物色彩明度的高低也会产生不同的视觉效果和心理感受。明度高的植物，体积会有放大效果，空间相对就会缩小，在这种场景下容易产生膨胀感以及距离远近的错觉；明度低的植物呈现的效果恰恰相反。所以，要根据建筑所在的城市空间大小来选择适当植物色彩明度，调节建筑的体量感，以达到良好的城市景观效果。

第三节　墙面绿化植物的选择

建筑绿化需要根据不同绿化空间的功能需求来选择适合的植物。建筑室外绿化空间所处环境的风荷载较地面要大，而且有些非上人屋顶的绿化养护难度较高，因此墙面绿化最好选择抗风、抗病虫害、耐旱、耐寒、耐高温、耐修剪、耐粗放管理、抗污、可吸收有害气体和污染物、易移植和生长缓慢的植物。室内的垂直绿化，选择对人有益的植物会拉近植物与人的距离，不要选择具有刺激性味道或散发有害物质的植物，如夹竹桃和昙花等，特别是一些办公空间的花粉过敏者，室内开花的植物会引起他们患病，严重影响工作。一些赏叶植物可以成为室内垂直绿化的最佳选择，比如常春藤、绿萝、吊兰、富贵树、夏威夷竹、散尾葵等等。另外，根据植物所处的空间高度决定植物的体量大小，植物最好不要逼近建筑的顶棚，否则不仅不利于植物生长，还造成空间狭小逼仄的感觉；如果室内空间较高，比如建筑中庭或通高的入口门厅可以选用体量稍大的乔木，而普通层高的室内空间最好选用低矮灌木。

不同形式的墙面绿化所选择的植物也有所不同：

（1）攀爬或垂吊式墙面绿化在选择植物时需要考虑植物色彩与建筑墙面、建筑环境色彩相协调，根据墙体朝向、光照条件选择喜阴或喜阳的植物。宜在北朝向墙面种植耐阴植物，西朝向墙面种植耐旱植物；根据景观需求，选择常绿或半常绿的植物。推荐使用的植物有：络石、异叶爬山虎、常春藤、薜荔、珊瑚藤、红花西番莲、使君子、星果藤、簕杜鹃、软枝黄蝉、云南黄素馨、毛素馨、蒜香藤、猫爪藤、五爪金龙、蔓马缨丹、金银花、桂叶老鸭嘴、炮仗花、非洲紫芸藤、吊竹梅、美丽桢桐、龙吐珠等。

（2）种植槽式墙面绿化应选择彩叶植物搭配常绿植物进行造景，组合形式可多样化，以营造多变的墙面特色景观，体现城市特色。根据墙体朝向、光照条件选择喜阴或喜阳的植物，宜在北朝向墙面种植耐阴植物，西朝向墙面种植耐旱植物。推荐使用的植物有：马齿苋科——大花马齿苋、毛马齿苋；景天科——长寿花、落地生根等；蕨类（常绿色调植物）——井栏边草、剑叶凤尾蕨、肾蕨、波士顿蕨；彩叶植物——彩叶草、锦绣苋、红桑、大叶红草、红背桂、肖黄栌、变叶木、黄金榕、金叶女贞、花叶鹅掌藤、花叶灰莉、红叶石楠、金露花、斑叶山菅兰、花叶假连翘、斑叶路兜树、假金丝马尾；开花植物——红花继木、花叶六道木、巴西鸢尾、双色鸢尾、大花鸢尾、炮仗竹等。

（3）板槽式墙面绿化选择植物应考虑彩叶植物搭配常绿植物进行造景，组合形式可多样化，以营造多变的墙面特色景观，体现城市特色。根据墙体朝向、光照条件选择喜阴或喜阳的植物，宜在北朝向墙面种植耐阴植物，西朝向墙面种植耐旱植物。推荐使用的植物有：①蕨类（常绿色调植物）——井栏边草、剑叶凤尾蕨、肾蕨、波士顿蕨；②彩叶植物——金叶女贞、红叶石楠、六道木、红背桂、彩叶草、锦绣苋、花叶鹅掌藤、肖黄栌、大叶红草、红桑、七彩大红花、黄金榕、花叶灰莉、变叶木等；竹芋类、粗勒草、彩叶芋等；③开花植物——炮仗竹、巴西鸢尾、蔓马缨丹。

（4）模块式墙面绿化宜选择彩叶植物搭配常绿植物进行造景，组合形式可多样化，以营造多变的墙面特色景观，体现城市特色。根据墙体朝向、光照条件选择喜阴或喜阳的植物，北朝向墙面宜种植耐阴植物，西朝向墙面宜种植耐旱植物。用于室内的，应安装 LED 植物补光灯，推荐使用的植物有：①马齿苋科——毛马齿苋、大花马齿苋；②景天科——长寿花和落地生根等；③蕨类（常绿色调植物）——井栏边草、剑叶凤尾蕨、肾蕨、波士顿蕨；④彩叶植物——彩叶草、锦绣苋、大叶红草、七彩大红花、红桑、彩叶山漆茎、肖黄栌、变叶木、花叶假连翘、红背桂、黄金榕、假金丝马尾、花叶鹅掌藤、花叶灰莉、金叶女贞、红叶石楠、金露花、斑叶山菅兰、斑叶路蒐树；⑤开花植物——红花继木、花叶六道木、巴西鸢尾、双色鸢尾、大花鸢尾、炮仗竹等。

（5）铺贴式墙面绿化，宜选择浅根性植物，避免植物根系破坏墙体。推荐使用的植物有：狐尾天冬、红掌、凤梨、垂盆草、麦冬、玉龙草、双穗草、黑麦草、韭兰酢浆草、葱兰、马蹄金、红花酢浆草、细叶结缕草、大叶油草、狗牙根等。

（6）布袋式外墙面绿化，推荐使用的植物有：彩叶草、锦绣苋、大叶红草、七彩大红花、变叶木、黄金榕、红桑、肖黄栌、红背桂、花叶鹅掌藤、花叶灰莉等；室内墙面绿化的植物有：滴水观音、白掌、红掌、广东万年青、竹芋类、粗勒草、白蝴蝶、彩叶芋、绿萝、春羽、蔓丽绒、百合竹、富贵竹等。

第四节　案例：种植盒式模块墙体绿化技术应用

绿墙项目位于广州东站东方宝泰商场负一楼内的扶梯旁，因为中庭透光，即便是处于地下层，绿墙也能够获得一定的阳光供植物正常生长。绿墙植物天然的绿色让人倍感亲切、舒适，也为繁华的商业区增添一道别样的风景。绿化效果见图6-15至图6-17。

图6-15　绿墙效果（一）

图 6-16　绿墙效果（二）

图 6-17　绿墙效果（三）

绿墙采用模块种植盒式墙体绿化系统，模块种植盒维修方便、易于更换、持久性好，非常适合室内外大面积的墙体绿化，甚至一些高难度的墙体绿化效果也可以实现。根据植物的生长习性和模块造型的不同，将植物预先栽培养护一段时间后进行相应的框架安装，绿化覆盖率高达100%，获得了很好的视觉效果。

1. 生长基质

要供给植物养分，必须保持根系通气和水分流通，这就要求生长基质应具备良好的渗透性，同时基质还要便于固定植物。项目绿墙种植盒中植物的生长基质是聚酯混合基质（图6-18），外观类似海绵，自重轻，不易散开且易于固定，没有普通土壤瓦解滑落的不足。一般墙面绿化使用的普通土壤存在自重大的问题，会给墙体承重带来巨大负担，而案例中墙面绿化使用的生长基质除具有自重轻的优点外，同时还能保证植物正常生长，有较强的保水性和保肥缓释性、充足的营养以及良好的透气性，使植物可以像在自然生长环境中一样缓慢健康地生长，且没有异味，也不容易滋生病虫害。

图6-18　生长基质

一般用于室内墙体绿化的介质要轻且易于固定，方便植物和建筑一体化模块式的生产，也方便运输、安装和更换，又不会因介质松散脱落而影响到景观效果甚至影响环境安全。除了聚酯混合基质，常用的生长介质还有人工轻质土壤、泡沫基质、栽培液无土栽培以及纤维基质等多种类型。

2. 灌溉系统

灌溉系统是指利用人工或者机械辅助的方法用不同的灌水方式为园林绿化的土壤补充水分，以满足绿化植物的水分需求的一套方法和设备体系。东方宝泰商场墙面绿化的灌溉系统可以沿着结构框架把水分运输到每一个种植槽里。其采用的是自动滴灌系统（图6-19），由滴头、滴灌管路和控制系统构成，对墙面绿化植物进行自动灌溉和养分供给。该系统中的土壤湿度传感器可以实时记录植物生长基质的含水量，当数值低于植物最佳生长所需水量的阈值时，土壤湿度传感器会发送信号给逻辑控制器，逻辑控制器接收到信号后自动开启灌溉水泵实施灌溉，直至含水量数值达到设定的最佳生长所需水量的阈值；而当基质含水量高于植物生长所需水量的阈值时，灌溉泵不会被启动，也就是说此时不会对植物补水。该方式通过预先设定的最优控制来干预灌溉决策，对植物生长所需实现了实时监控，因而对操作人员的要求不高，但对电子机械设备的精准度要求很高。

图6-19　滴灌管路

除了全自动灌溉系统之外，还有人工预设和纯人工灌溉模式。人工预设模式是指不依赖于土壤湿度传感器等设备，根据人的经验来设定每天灌溉泵的启动时间及工作时长，在逻辑控制器的监管下每天按照人工设定好的时间开启和关闭灌溉泵。这种方式一般不会考虑植物生长基质的含水量，对植物季节性生长的不同需求做不到实时监测。比如夏季高温暴晒时，日灌水量往往会低于植物的蒸腾量，植物处于缺水状态；而在低温季节，日灌水量可能会高于植物蒸腾量，导致浪费甚至危害植物健康；有时突发暴雨，假如没有事先准备，灌溉泵仍会按时打开，会导致用水浪费。所以该方式需要操作人员具备丰富的专业经验，人为地对灌水时长做经常性的季节调整。纯人工模式是指完全依赖养护人员的经验与职业素养来决定每天是否需要对园林绿化植物进行灌溉以及灌水量多少，该方法属于电子化时代来临前的传统模式，已经被时代所淘汰。

3. 墙体植物类型

由于东方宝泰商场绿墙处于室内，所以选用的植物类型主要是耐阴植物，植物种类如表6-2所示。

表 6-2　案例绿墙植物配置表

序号	种名	科名	生长习性	图例
1	绿萝	天南星科	阴性植物，喜散射光，生命力顽强，遇水即活	
2	鸭脚木	五加科	喜湿润、温暖和半阴环境，对短暂干旱和干燥空气具有一定适应能力	
3	星点木	龙舌兰科	耐阴植物，弱光下生长缓慢，不易长新叶，需水量少	
4	吊兰	百合科	喜湿润、温暖和半阴的环境，耐干旱、不耐寒，不择土壤	
5	富贵竹	百合科	喜阴湿、高温、耐涝、耐肥力强、抗旱力强	

（续上表）

序号	种名	科名	生长习性	图例
6	袖珍椰子	棕榈科	喜湿润、温暖和半阴的环境	
7	五彩千年木	百合科	中性植物	
8	孔雀竹芋	竹芋科	喜湿润、温暖和半阴的环境，不耐阳光直射	

4. 种植盒式模块墙面绿化特点

分析广州东站东方宝泰商场绿墙案例，概括种植盒模块墙面绿化的特点如下：

（1）结构稳定

东方宝泰商场绿墙主要采用种植盒系统的模块化构建方式，每个种植盒与墙面的固定通过四角挂接钢筋来完成，结构非常稳定，同样适合于高层建筑。

（2）安装时间短且景观成效快

模块化构建方式会根据设计好的图案在基地把植物培育好，这样现场安装时间非常短。因为植物在苗圃基地已经培育成形，安装好后基本达到预期的景观效果了。

（3）材料轻质

模块化体系以轻质培养基质为主，在充分吸收水分的状态下，重量约为 $50\,kg/m^2$，重量只有一般轻质营养土的一半，甚至更少。

（4）使用时间长

采用的基质自身带有修复和分解的功能，基质可以在不影响植物生长的情况下进行补给，整体使用年限超过 5 年。传统方式的营养土如果要保证植物正常生长，一年就要更换或翻新一次才能达到最佳观赏效果。

（5）绿色纯天然材料

植物生长基质为无污染的全天然产品，真正做到天然无公害，且不会留下多余杂质。

（6）稳定的自动灌溉系统

灌溉系统强大的给水功能，精确的滴灌设置可以确保水量供需平衡而且无死角。此外，还添加了施肥配比器等系统，使施肥操作更加准确便捷。

5. 绿化墙体的维护

（1）墙面绿化植物的日常维护

建筑墙面绿化施工完成后需要对植物需求进行评估，以植物生长习性判断是否需要持续的水分及植物的生长速度等，如喜阴还是喜阳，耐干旱还是喜湿润，从而对墙面绿化植物维护做科学的统筹安排。日常维护包括所有植物视觉上可见的物理检查，如植物是否有枯萎、死亡及其他生长异常状况。为保证良好的景观效果，及时对植物进行修剪、清理和补栽。新种和近期移植的各类攀援植物要及时浇水，并且需要连续数天浇水，直至不浇水植株仍能正常生长为止；还要把握好 1～5 月份浇水的关键时间。植物生长期要松土保墒，土壤持水量在 65%～70% 较为合适；攀援植物根系浅，在土壤保水力差的条件下或者干旱季节应适当增加浇水次数和浇水量，还要确保攀援植物的枝条沿着依附物生长，从植物种植到植物本身能独立沿着依附物攀援生长为止；植物种植后在生长季节需要进行理藤和造型整理，才能逐渐达到均匀满铺的视觉效果。植物局部修剪时间在 5 月、7 月、11 月或植物开花后进行比较合适，整面绿墙每年整理和修剪两次，时间为 4 月和 9 月较为合适。

模块式的墙体绿化需要检查基质流失的情况以及容器的腐蚀程度，找到裂缝，根据实际情况更换墙上的模块或种植槽，通常来说金属容器因太阳暴晒或者寒冷天气而扩张或收缩的程度没那么大，所以只需检查容器表面的完好性相对来说比较容易。当基质流失时，需要增加天然肥料或生物肥料补充基质，这减少了综合性化肥的使用，可以给植物提供更多有机的营养元素。对于墙体绿化来说，每年夏季和秋季追肥，冬季施基肥，就能保证植物能够充分吸收养料；同时要中耕除草，保持绿地整洁，减少病虫害发生的条件。除草最好在夏季和秋季杂草生长旺盛的时候进行，宜早不宜晚；除草时要注意不得伤到植物的根系。病虫害的防治应坚持预防为主、防治结合原则，对不同种类的病虫害防治，须根据具体情况选用无公害药剂或者高效低毒的化学药剂。通常情况下每年要进行四次植物绿墙的病虫害防治处理，喷洒方式以夜间喷雾或者药物滴灌的方式，时间最好在 4 月、6 月、7 月和 9 月，如遇特殊虫害，须派请专家及时处理。

（2）墙体灌溉系统维护

针对灌溉系统的检查项目包括：排水管的漏水情况、发射器的堵塞情况以及连接处的渗漏情况等，必须及时清除堵塞物或更换过滤器，以免杂物进到滴灌器造成堵塞甚至管道漏水。不论是滴灌、漫灌、喷灌还是其他的技术含量低的灌溉方式，都要严格按照说明书进行操作，同时还要检查连接零件如带阀、计时器和其他连接构件等是否正常。查看灌溉系统的同时也要检查排水系统，不论是外排水还是内排水的排水管，都要保证在滴灌失灵或是大雨的情况下能迅速收集多余的水，同时也要及时清除滴灌渠里的土壤、泥浆、落叶和垃圾等杂物，保证灌溉渠通畅。最好每周检查一次灌溉系统以及其他机械设备是否正常工作，并做详细的检查记录。

（3）墙体检查维护

墙体检查通常从以下五个方面入手：第一，在建筑内部检查整块墙面是否渗水，或者由水引发的其他破坏；第二，沿墙体绿化边缘查找可能出现的物理破损，如防水膜剥落导致水的渗透等；第三，检查外墙面是否有物理破损；第四，检查植物根系是否穿透容器，以及是否对墙壁产生破坏，如果有，则需要替换掉根系穿透力强的植物。总的来说就是预防为主，分析可能会出现的问题并有针对性地制订维修计划，建立一套任务分析体系和维修系统。即便是最简单的安装操作，也不能确保没有机械故障，所以应该严格仔细地检查防水层及排水设施。在某些系统中，结构支架的组装是一项复杂的工程，必须深入检查。

（4）其他设备的维护

例如人工照明系统，同样需要一些常规检查，比如更换灯泡，这类预防性检修最好每月进行，定时检修能确保设备的安全性及完好性，还能延长最佳景观的持续时间。养护期间还应注意攀援网安全检查以及病枯叶的修剪，以免掉落伤及行人。

附录　广州地区立体绿化推荐植物

附录一　广州市立体绿化花坛推荐植物

附表 1 为立体花坛常用推荐植物。

附表 1　立体花坛常用推荐植物

序号	中文名	科属名	叶（花）特征	习性	用途	图例
1	金叶佛甲草	景天科景天属	肉质草本，叶披针形，无柄，在阴处呈绿色，充分日照下呈黄色	耐半阴，忌潮湿，不耐修剪	优良立面材料	
2	绿叶佛甲草	景天科景天属	肉质草本，叶披针形，无柄，呈绿色	耐半阴，忌潮湿，不耐修剪	优良立面材料	
3	胭脂红景天	景天科景天属	多年生草本，叶片深绿色后变胭脂红色，冬季为紫红色	喜光，耐寒，耐高温，忌水湿，耐旱性极强	立面细部点缀，不适宜大面积配置	

（续上表）

序号	中文名	科属名	叶（花）特征	习性	用途	图例
4	塔松景天	景天科景天属	常年蓝绿色，多年生草本植物株，叶尖尖的，形似"棒子"	喜光，亦耐半阴，耐旱，耐寒	优良立面材料	
5	金叶景天	景天科景天属	枝叶短小紧密，叶圆形，金黄色	喜光，耐半阴，较耐寒，耐旱，忌潮湿，不耐修剪	立面细部点缀，不适宜大面积配置	
6	红绿草	苋科钳菜属	叶色丰富，有十几个常用品种	抗性强，喜高温，耐旱，耐修剪	优良立面材料	
7	蓝石莲	景天科莲花掌属	叶蓝灰色，扁平，叶莲座状排列	喜温，耐半阴	优良立面材料	
8	特玉莲	景天科莲花掌属	叶蓝灰色，叶前端圆钝	喜温，耐半阴	优良立面材料	

序号	中文名	科属名	叶（花）特征	习性	用途	图例
9	蜡菊	菊科蜡菊属	叶圆形，银灰色	喜光，耐热，怕涝，耐修剪	立面流水造型、人的眼泪等	
10	白草	景天科	叶白绿色	喜光耐寒，耐半阴，耐旱，耐修剪	优良立面材料	
11	银斑百里香	唇形科百里香属	叶边缘银白色，花丁香紫色，花期6～8月	抗性强，适应性强	优良立面材料	
12	细叶针茅	禾本科芒属	叶直立纤细，花期9～10月。花色由粉红转为红色，秋季转为银白色	对气候适应性强	细部点缀	
13	苏丹凤仙	凤仙花科凤仙花属	多年生肉质草本植物，高可达70 cm，茎直立，绿色或淡红色，叶互生	喜温暖、湿润气候，不耐霜冻，喜阳光，生命力强	人物造型衣着	

（续上表）

序号	中文名	科属名	叶（花）特征	习性	用途	图例
14	半柱花	萝藦科半柱花属	叶条形、有锯齿、御地生长，叶终年深紫色。	高温季节生长迅速，耐修剪	优良立面材料	
15	四季海棠	秋海棠科秋海棠属	花、叶颜色丰富。有绿叶红花、绿叶白花、铜叶红花等品种	喜温暖湿润和半阴环境	图案点缀	
16	朝雾草	菊科蒿属	羽状叶，叶灰白色，叶质柔软顺滑，株形紧凑	高温季节生长缓慢，病虫害较少，不耐水湿，耐修剪	流水效果或动物身体	
17	彩叶草	唇形科鞘蕊花属	叶绚丽多彩	喜温暖向阳及通风良好环境	优良立面材料	
18	苔草	莎草科苔属	草本，常见品种有蓝苔草、金叶苔草等	喜光，耐半阴，对土壤适应性强	细部点缀	

（续上表）

序号	中文名	科属名	叶（花）特征	习性	用途	图例
19	五彩鱼腥草	三百草科 蕺草属	叶三色镶嵌，花白色	耐阴，喜湿润	优良立面材料	
20	艾伦银香菊	菊科神圣亚麻属	羽状叶纤细翠绿色，株形紧凑	耐旱，耐贫瘠，耐修剪，抗性强，忌高温高湿	优良立面材料	
21	银瀑马蹄金	旋花科 马蹄金属	叶银灰色，圆形，蔓生	耐半阴，对土壤适应性强	适合作流水瀑布	
22	鹅掌柴	五加科 鹅掌柴属	掌状复叶，小叶5～8枚，长卵圆形，小花淡红色，浆果深红色	喜温暖、湿润、半阳环境	图案细部点缀	
23	芙蓉菊	菊科芙蓉菊属	羽状叶，叶灰白色	喜光，忌高温多湿	图案点缀	

（续上表）

序号	中文名	科属名	叶（花）特征	习性	用途	图例
24	观音莲	景天科 长生花属	多浆植物，叶倒卵形光滑，端有蜘蛛网状细毛，排列成小型莲座状	耐干旱	立面细部点缀，不适宜大面积配置	
25	血草	禾本科 白茅属	叶丛生，剑形，常保持深红色	喜光、耐热	图案点缀	
26	三色堇	堇菜科 堇菜属	基生叶叶片长卵形或披针形花有黄、蓝、紫三色	较耐寒，喜凉爽，喜阳光	图案点缀	
27	大叶过路黄	报春花科 珍珠菜属	叶金黄色，卵圆形，茎匍匐生长	喜光，怕涝，耐修剪	优良立面材料	
28	金边过路黄	报春花科 珍珠菜属	叶金黄色，卵圆形，茎匍匐生长	喜光，怕涝，耐修剪	图案细部点缀，不适宜大面积配置	

（续上表）

序号	中文名	科属名	叶（花）特征	习性	用途	图例
29	鹃泪草	爵床科枪刀药属	叶长圆形，叶深绿色，有火红色的脉和斑点，花浅紫色	喜温暖湿润和半阴环境	图案点缀	
30	矮麦冬	百合科山麦冬属	常绿草本，叶丛生，线形，稍革质	喜阴湿，耐寒	镶边	
31	头花蓼	蓼科蓼属	叶绿色，有青铜色斑纹，花小，头状花序粉红色，花期为夏秋季	喜光，耐半阴，耐寒	图案点缀	
32	一品红	大戟科大戟属	叶绿色，卵状椭圆形、长椭圆形或披针形，花红色	喜温暖、喜湿润、喜阳光	图案点缀	
33	中国石竹	石竹科石竹属	红、白花	耐寒、耐干旱，不耐酷暑，夏季多生长不良或枯萎	图案点缀	

附录二　广州市高架路桥绿化推荐植物

1. 立交桥墙面绿化推荐植物（见附表2）。

附表 2　立交桥墙面绿化推荐植物

序号	植物种类	科名	生长习性	观赏特性	图例
1	异叶爬墙虎*	葡萄科	匍匐藤本	观叶	
2	薜荔*	桑科	匍匐藤本	观叶	
3	蔓马缨丹*	马鞭草科	蔓生灌木	观花	
4	猫爪藤*	紫葳科	缠绕藤本	观花，观果	

（续上表）

序号	植物种类	科名	生长习性	观赏特性	图例
5	五爪金龙 *	旋花科	缠绕藤本	观叶，观花	
6	金银花	忍冬科	缠绕藤本	观花	
7	龙吐珠 *	马鞭草科	攀援藤本	观花	
8	炮仗花 *	紫葳科	缠绕藤本	观花	
9	蒜香藤 *	紫葳科	缠绕藤本	观花	
注：* 为外来种					

2. 防护栏绿化推荐植物（见附表3）。

附表3　防护栏绿化推荐植物

序号	植物种类	科名	生长习性	观赏特性	图例
1	异叶爬墙虎 *	葡萄科	匍匐藤本	观叶	
2	薜荔 *	桑科	匍匐藤本	观叶	
3	簕杜鹃 *	紫茉莉科	攀援灌木	观花	
4	软枝黄婵 *	夹竹桃科	蔓生灌木	观花	
5	蔓马缨丹 *	马鞭草科	蔓生灌木	观花	

（续上表）

序号	植物种类	科名	生长习性	观赏特性	图例
6	猫爪藤 [*]	紫葳科	缠绕藤本	观花	
7	五爪金龙 [*]	旋花科	缠绕藤本	观花	
8	蒜香藤 [*]	紫葳科	缠绕藤本	观花	
9	凌霄 [*]	紫葳科	缠绕藤本	观花	
10	炮仗花 [*]	紫葳科	缠绕藤本	观花	

（续上表）

序号	植物种类	科名	生长习性	观赏特性	图例
11	铁海棠[*]	大戟科	肉质植物	观花	
12	长春花[*]	夹竹桃科	草本	观花	
13	三裂叶蟛蜞菊[*]	菊科	匍匐藤本	观花	
14	樟叶老鸦嘴[*]	爵床科	缠绕藤本	观花	
15	云南黄素馨	木樨科	蔓生灌木	观花	

（续上表）

序号	植物种类	科名	生长习性	观赏特性	图例
16	金银花	忍冬科	缠绕藤本	观花	
17	垂叶榕	桑科	观叶灌木	观叶	
18	黄金榕	桑科	观叶灌木	观叶	
19	炮仗竹[*]	玄参科	蔓生灌木	观花	
注：* 为外来种					

3. 桥阴绿化推荐植物（见附表4）。

附表4 桥阴绿化推荐植物

序号	植物种类	科名	形态特征	图例
1	水鬼蕉[*]	石蒜科	草本	
2	白蝴蝶[*]	天南星科	攀援草本	
3	澳洲鸭脚木[*]	五加科	观叶小乔木	
4	海芋	天南星科	草本	
5	棕竹类	棕榈科	灌木状	

序号	植物种类	科名	形态特征	图例
6	灰莉	马钱科	灌木	
7	鹅掌藤类	五加科	灌木	
8	春羽*	天南星科	草本	
9	散尾葵*	棕榈科	灌木状	
10	花叶良姜	姜科	观叶草本	
注：*为外来种				

4．立交绿岛乔灌草推荐植物（见附表 5）。

附表 5　立交绿岛乔灌草推荐植物

生长习性	植物种类	科名	观赏特性	图例
乔木	蒲葵	棕榈科	观形	
	木棉	木棉科	观花、观形	
	凤凰木*	苏木科	观形、观花	
	尖叶杜英	杜英科	观形、观花	
	鸡蛋花*	夹竹桃科	观形、观花	

（续上表）

生长习性	植物种类	科名	观赏特性	图例
乔木	南洋楹*	含羞草科	观形	
	大叶紫薇*	千屈菜科	观花	
	小叶榕	桑科	观形	
	垂叶榕	桑科	观形	
	大王椰子*	棕榈科	观形	

（续上表）

生长习性	植物种类	科名	观赏特性	图例
乔木	大红花	锦葵科	观花	
	灰莉	马钱科	观叶	
	散尾葵[*]	棕榈科	观形	
	苏铁	苏铁科	观形	
	桂花	木樨科	观形	

（续上表）

生长习性	植物种类	科名	观赏特性	图例
灌木	紫薇	千屈菜科	观花	
	夹竹桃[*]	夹竹桃科	观花	
	金叶假连翘[*]	马鞭草科	观叶	
	簕杜鹃[*]	紫茉莉科	观花	
	黄金榕	桑科	观叶	

（续上表）

生长习性	植物种类	科名	观赏特性	图例
草本	水鬼蕉*	石蒜科	观花	
	细叶结缕草*	乔本科	观叶	
	红龙草*	苋科	观叶	
	海芋	天南星科	观叶	
	花叶良姜	姜科	观叶	

（续上表）

生长习性	植物种类	科名	观赏特性	图例
草本	三裂叶蟛蜞菊 *	菊科	观花	
	金边万年麻 *	龙舌兰科	观形	
	春羽 *	天南星科	观叶	
	旅人蕉 *	旅人蕉科	观形	
	大花美人蕉 *	美人蕉科	观花	

附录三　广州市建筑绿化推荐植物

1. 建筑立体绿化推荐乔灌木（见附表6）。

附表6　建筑立体绿化推荐乔灌木

序号	种名	科属	花期	花色	观赏特性	类型	习性	图例
1	翅荚决明	苏木科决明属	11月～次年1月	花黄色	花金黄色，亮丽、壮观	常绿灌木	☼	
2	红叶石楠	蔷薇科石楠属	5～6月	花白色	新梢和嫩叶鲜红色，鲜艳夺目	常绿灌木或小乔木	☼	
3	鸡蛋花类	夹竹桃科鸡蛋花属	5～10月	花各色	树形美观，茎多分枝，奇形怪状，千姿百态	落叶灌木或小乔木	☼	
4	夹竹桃类	夹竹桃科夹竹桃属	6～10月	花各色	植物姿态潇洒，花期长，花色艳丽，枝叶繁茂	常绿灌木	☼	

序号	种名	科属	花期	花色	观赏特性	类型	习性	图例
5	簕杜鹃类	紫茉莉科叶子花属	6～11月	花各色	四季青翠，灿烂如锦，瑰丽多姿	半落叶灌木	☼	
6	黄斑榕	桑科榕属	5～7月	—	叶片色彩艳丽，叶色斑驳、绿白相间	常绿灌木	☼	
7	双荚槐	苏木科决明属	10～12月	花黄色	花金黄色，灿烂夺目	常绿灌木	☼	
8	小叶紫薇	千屈菜科紫薇属	7～10月	红、紫、粉、白等色	树干光滑洁白，姿态古拙，花色丰富	落叶灌木或小乔木	☼	
9	洋金凤	苏木科云实属	几乎全年	花橙色或黄色	花似蝴蝶，十分艳丽	落叶灌木	☼	

（续上表）

序号	种名	科属	花期	花色	观赏特性	类型	习性	图例
10	福斯特红千层	桃金娘科红千层属	3～4月	花红色	新叶红褐色，花繁多	常绿灌木	☼	
11	哥顿银桦	山龙眼科银桦属	几乎全年开花	花红色	树冠飘逸，叶形奇特。花大，瓶刷状	常绿灌木	☼	
12	红花玉芙蓉	玄参科玉芙蓉属	5～10月	花紫红色	叶密被银白色茸毛。花铃形，极美艳	常绿灌木	☼	
13	嘉氏羊蹄甲	苏木科羊蹄甲属	5～9月	花橙红色	枝叶繁密，生势强健	蔓性常绿灌木	☼	
14	马利筋	萝藦科马利筋属	几乎全年	花黄色或橙红色	茎基部半木质化，直立性，具乳汁，披针形或矩圆形披针形；伞形花序顶生或腋生，花冠如莲，红色，副花冠如桂，黄色	多年生宿根性亚灌木状草本植物	☼	

（续上表）

序号	种名	科属	花期	花色	观赏特性	类型	习性	图例
15	马缨丹类	马鞭草科马缨丹属	常年可开花	花各色	花由多数小花密集成半球形，花色多变，初开时为黄色或粉红色，继而变为橘黄或橘红色，最后呈红色	常绿灌木	☼	
16	美花红千层	桃金娘科红千层属	春夏	花鲜红色	花形奇特，色彩鲜艳美丽，开放时火树红花	常绿小乔木或灌木	☼	
17	米仔兰	楝科米仔兰属	6~10月	花黄色	树态秀丽，枝叶茂密，叶色葱绿光亮，花香似兰	常绿灌木	☼	
18	沙漠玫瑰	夹竹桃科沙漠玫瑰属	4~10月	花鲜红色	植株矮小，树形古朴苍劲，花朵娇艳，色彩丰富	肉质小灌木	☼	
19	扶桑（大红花类）	锦葵科木槿属	3~4月	红黄色	树形优美，枝叶茂盛，花期四季不断，花大色艳	常绿灌木	☼ ◑	

（续上表）

序号	种名	科属	花期	花色	观赏特性	类型	习性	图例
20	狗牙花	夹竹桃科狗牙花属	6～10月	花白色	绿叶青翠欲滴，花朵晶莹洁白且清香俊逸	常绿灌木	☼ ◑	
21	红花继木	金缕梅科继木属	4～5月	花紫红色	枝繁叶茂，树态多姿，常年叶色鲜艳，花期长，是花、叶俱美的观赏树木	常绿灌木或小乔木	☼ ◑	
22	花叶灰莉	马钱科灰莉属	夏季	花白色	叶面具斑驳色斑，黄白相间	常绿灌木	☼ ◑	
23	黄金榕	桑科榕属	5～7月	—	株形紧凑，叶片亮丽	常绿灌木	☼ ◑	
24	红背桂	大戟科海漆属	夏季	花淡黄色	花株形矮小，枝叶扶疏，叶片表面绿色、背面紫红色	常绿灌木	☼ ◑	

（续上表）

序号	种名	科属	花期	花色	观赏特性	类型	习性	图例
25	花叶假连翘	马鞭草科假连翘属	5～10月	花白紫色	叶片镶嵌着银白色花斑，十分雅致	常绿灌木	☀◑	
26	花叶鹅掌藤	五加科鹅掌柴属	秋季	花青白色	植株紧密，树冠整齐优美，叶面具明亮的白色花斑	常绿灌木	◑●	
27	黄蝉	夹竹桃科黄蝉属	5～6月	花黄色	枝繁叶茂，冠形整齐，夏秋两季，盛开金黄色花	常绿灌木	☀◑	
28	假连翘	马鞭草科假连翘属	常年可开花	花蓝紫或白色	植株常年枝叶繁茂，生势旺盛，枝条柔长垂婉，叶片青黄绿色，树枝优雅美观	常绿灌木	☀◑	
29	金叶假连翘	马鞭草科假连翘属	5～10月	花蓝色或淡蓝紫色	枝条柔软，耐修剪，可卷曲为多种形态，枝细柔伸展，花蓝紫清雅，入秋果实金黄，是极佳的观花观果植物	常绿灌木	☀◑	

（续上表）

序号	种名	科属	花期	花色	观赏特性	类型	习性	图例
30	蕾丝假连翘	马鞭草科假连翘属	5～10月	花紫色	花冠边缘镶嵌着蕾丝花边，优雅高贵	常绿灌木	☼ ◑	
31	美丽针葵	棕榈科刺葵属	8～10月上旬	花淡绿色	茎丛生，栽培时常为单生，高1～3m，直径达10cm，具宿存的三角状叶柄基部。羽片线形	常绿灌木	☼ ◑	
32	巴西野牡丹	野牡丹科	4～11月	花紫蓝色	株型紧凑丰满，萌枝力强，叶繁花茂	常绿灌木	☼ ◑	
33	斑叶女贞	木樨科女贞属	6～7月	花白色	枝条纤细而直硬，具宽度不等的黄色斑纹	落叶灌木	☼ ◑	
34	变叶木类	大戟科变叶木属	夏秋季	花黄白色	叶片点缀着千变万化的斑点和斑纹，是自然界中颜色和形状变化最多的观叶树种	常绿灌木	☼ ◑	

（续上表）

序号	种名	科属	花期	花色	观赏特性	类型	习性	图例
35	茶梅	山茶科 山茶属	12～ 次年 4月	花色 多样	枝有粗毛，芽鳞表面有倒生柔毛。叶互生，椭圆形至长圆卵形，先端短尖，边缘有细锯齿，革质，叶面具光泽，中脉上略有毛	常绿灌木或小乔木	☼ ◑	
36	车轮梅	蔷薇科 石斑木属	3～ 4月	花白色或淡红色	树姿优美，花朵密集，果黑紫色	常绿灌木	☼ ◑	
37	赤楠蒲桃	桃金娘科 蒲桃属	6～ 8月	花白色	株形紧密，新叶红褐色	常绿灌木	☼ ◑	
38	大叶黄杨	黄杨科 黄杨属	6～ 7月	花绿白色	小枝近似棱形。叶片革质，表面有光泽，倒卵形或狭椭圆形	常绿灌木或小乔木	☼ ◑	
39	大叶米兰	楝科 米仔兰属	5～ 7月	花黄色	叶形较大，开花略少，其花常伴随新枝生长而开	常绿灌木	☼ ◑	

（续上表）

序号	种名	科属	花期	花色	观赏特性	类型	习性	图例
40	凤尾兰	龙舌兰科丝兰属	6～10月	花乳白色	叶密集，螺旋排列茎端，质坚硬，有白粉，形美叶绿	灌木或小乔木	☀☽	
41	福建茶	紫草科厚壳树属	春夏	花白色	多分枝，枝干可塑性强，叶片厚而浓绿	常绿灌木	☀☽	
42	海桐	海桐花科海桐花属	5月	花白色或淡黄色	四季常青而具有光泽，开花时香气袭人	常绿灌木或小乔木	☀☽	
43	红果仔	桃金娘科番樱桃属	5～8月	花白色	嫩叶由红渐变为绿，色彩斑斓，枝叶繁茂	常绿灌木或小乔木	☀☽	
44	花叶海桐	海桐花科海桐花属	3～5月	花白色或带黄绿色	树形圆球形，叶边缘具灰白色斑圈，气味芳香	常绿灌木	☀☽	

（续上表）

序号	种名	科属	花期	花色	观赏特性	类型	习性	图例
45	花叶山指甲	木樨科女贞属	4～5月	花白色	叶对生，圆锥花序	灌木或乔木	☼ ◑	
46	黄杨	黄杨科黄杨属	3月	花浅黄色	叶革质，正面呈深绿色，背面为浅绿色，在严寒的冬天叶色碧绿，无落叶现象。树叶有卵形或长椭圆形	常绿灌木或小乔木	☼ ◑	
47	黄钟花	紫葳科黄钟花属	2～4月	花嫩黄色	分枝茂密，花鲜黄色，夏秋两季盛开	常绿灌木	☼ ◑	
48	九里香	芸香科九里香属	6～10月	花白色	枝叶茂密，花白色，香气浓郁，果红色，极富观赏性	常绿灌木或小乔木	☼ ◑	
49	茉莉花	木樨科素馨属	6～10月	花白色	叶色翠绿，花色洁白，香气浓郁	常绿灌木	☼ ◑	

（续上表）

序号	种名	科属	花期	花色	观赏特性	类型	习性	图例
50	南天竺	小檗科南天竺属	5～7月	花白色	秋冬叶色变红，红果累累	常绿灌木	☀ ◑	
51	南洋樱花	大戟科麻风树属	4～11月	花红色	叶色翠绿，花色鲜艳，全年均能开花	常绿灌木	☀ ◑	
52	琴叶珊瑚	大戟科麻风树属	几乎全年	花粉红或鲜红色	叶互生，倒阔披针形，全缘，叶基具刺状齿聚散花序，花冠红色，全年均能开花	常绿灌木	☀ ◑	
53	雀舌黄杨	黄杨科黄杨属	4月	黄绿色	植株低矮，枝叶茂密	常绿小灌木	☀ ◑	
54	山指甲	木樨科女贞属	4～5月	花白色	开花时花朵密集，空气中弥漫着淡淡的香气	常绿灌木或小乔木	☀ ◑	

（续上表）

序号	种名	科属	花期	花色	观赏特性	类型	习性	图例
55	匙叶黄杨	黄杨科	4月	花黄绿色	植株低矮，枝叶茂密，耐修剪	常绿灌木	☼ ◗	
56	丝兰	龙舌兰科丝兰属	5～8月	花白色	茎短，叶基部簇生，呈螺旋状排列，叶片坚厚	常绿灌木	☼ ◗	
57	四季桂	木樨科木樨属	一年开花数次，但以秋季为主	花黄白色或淡白色	常绿灌木总状花序顶生或腋生，乳白色，全年均能开花，秋季为甚。花芳香	以灌木为主	☼ ◗	
58	桃金娘	桃金娘科桃金娘属	4～9月	花淡红色	叶深绿亮丽，夏日开花时灿若红霞，绚丽多彩	常绿灌木	☼ ◗	
59	希美莉	茜草科长隔木属	6～10月	花红、黄色	耐修剪，观赏价值较高	落叶灌木	☼ ◗	

（续上表）

序号	种名	科属	花期	花色	观赏特性	类型	习性	图例
60	细叶萼距花	千屈菜科萼距花属	几乎全年	花紫红色或桃红色	枝条纤细，花细小，紫红或桃红色，密集，全年开花不断	常绿小灌木	☼ ◑	
61	小李樱桃	金虎尾科黄褥花属	7～11月	花桃红色	枝叶翠绿，花顶生或腋生，花冠粉红色，清新素雅，花后结紫红色浆果，玲珑可爱	常绿蔓生性灌木	☼ ◑	
62	小叶黄杨	黄杨科黄杨属	4～5月	花黄绿色	树姿优美，小枝纤细，枝叶茂盛，四季常青	常绿小灌木	☼ ◑	
63	雪花木	大戟科黑面神属	春秋季	花红色	叶白色或有白色斑纹，新叶色泽更鲜明，枝叶洁净逸雅美观	常绿灌木	☼ ◑	
64	杨梅叶黄杨	黄杨科黄杨属	5～7月	花浅黄色	小枝纤细，叶黄绿色，枝叶婆娑，花淡黄，雅致而不惊艳	常绿小灌木	☼ ◑	

173

（续上表）

序号	种名	科属	花期	花色	观赏特性	类型	习性	图例
65	圆叶榕	桑科榕属	5～7月	—	常绿灌木或小乔木。枝叶繁茂，叶色浓绿盎然，叶片圆形如铜钱	常绿灌木	☀ ◗	
66	云南黄素馨	木樨科素馨属	3～4月	花金黄色	枝叶垂悬，树姿婀娜，春季黄花绿叶相衬	常绿灌木	☀ ◗	
67	子楝树	桃金娘科子楝树属	5～6月	花淡黄色	株形紧密，叶色葱翠，生机盎然	常绿灌木	☀ ◗	
68	紫茉莉	紫茉莉科紫茉莉属	6～10月	花紫红色	块根植物，根肥粗，倒圆锥形，黑色或黑褐色。主茎直立，圆柱形，多分枝，无毛或疏生细柔毛	多年生草本	☀ ◗	
69	苏铁	苏铁科苏铁属	6～8月	花黄色	雄球花圆柱形，树形奇特，叶片苍翠，并颇具热带风光的韵味	常绿乔木	☀ ◗	

（续上表）

序号	种名	科属	花期	花色	观赏特性	类型	习性	图例
70	灰莉	马钱科灰莉属	4～8月	花黄白色	分枝茂密，枝叶均为深绿色，花大而芳香	常绿乔木或灌木	◐ ●	
71	鹅掌藤	五加科鹅掌柴属	秋季	花青白色	树冠圆整，枝条柔美，色彩明媚	常绿灌木	◐ ●	

2．建筑立体绿化推荐草本植物（见附表7）。

附表7 建筑立体绿化推荐草本植物

序号	种名	科属	花期	花色	观赏特性	类型	习性	图例
1	垂盆草	景天科景天属	4～5月	花黄色	肉质茎，碧绿的小叶宛如翡翠，整齐美观	多年生草本	☼	
2	佛甲草	景天科景天属	4～5月	花黄色	茎肉多汁，碧绿的小叶宛如翡翠，整齐美观	多年生草本	☼	

（续上表）

序号	种名	科属	花期	花色	观赏特性	类型	习性	图例
3	狐尾天门冬	百合科天门冬属	全年	小花白色	分枝短而密，整株轮廓呈狐狸尾巴形状	多年生草本	☼	
4	毛马齿苋	马齿苋科马齿苋属	5～8月	花红紫色	茎密丛生,铺散,多分枝	多年生草本	☼	
5	松叶牡丹	马齿苋科马齿苋属	7～8月	花色多样	植物矮小，茎、叶肉质光洁，花色艳丽，花期长	一年生肉质草本	☼	
6	斑叶芒	禾本科芒属	夏、秋	花穗银白色	茎节上有银色斑，日照下闪闪发亮	多年生草本	☼ ◑	
7	蚌兰	鸭跖草科蚌兰属	8～10月	花紫红色小花白色	叶片两面各有不同的颜色，翠亮有变化，株形适中，姿态优美	常绿多年生草本	☼ ◑	

（续上表）

序号	种名	科属	花期	花色	观赏特性	类型	习性	图例
8	大型双子铁	泽米铁科双子苏铁属	—	—	树形优美，羽叶常绿	常绿木本	☼ ◑	
9	卷柏	卷柏科卷柏属	—	—	四季常绿，叶形优美	多年生草本	☼ ◑	
10	鳞秕泽米铁	泽米铁科泽米铁属	—	—	树形优美，羽叶常绿	常绿木本	☼ ◑	
11	条纹小蚌花	鸭跖草科蚌兰属	夏季	花紫红	植株矮小，叶簇密集，叶面具银白色条纹	多年生草本	☼ ◑	
12	小李樱桃	金虎尾科黄褥花属	春末至秋	花紫红色	花果满株，鲜红亮丽	常绿灌木	☼ ◑	

（续上表）

序号	种名	科属	花期	花色	观赏特性	类型	习性	图例
13	红绿草	苋科莲子草属	12月~次年2月	花白色	植株低矮，叶色鲜艳	多年生草本	☼	
14	肾蕨	肾蕨科肾蕨属	—	—	四季常青，叶形秀丽挺拔，叶色翠绿光滑	多年生草本植物	◐ ●	

3. 建筑立体绿化推荐藤本植物（见附表8）。

附表8　建筑立体绿化推荐藤本植物

序号	种名	科属	花期	花色	观赏特性	类型	习性	图例
1	何首乌	蓼科何首乌属	8~9月	花白色	蔓长枝多，叶端正、文雅，开花多	多年生缠绕草本	☼ ◐	
2	薜荔	桑科榕属	4~5月	花白色	叶质厚，深绿发亮，四季常绿	常绿攀援或匍匐灌木	☼ ◐	

（续上表）

序号	种名	科属	花期	花色	观赏特性	类型	习性	图例
3	风车藤	金虎尾科风筝果属	1～4月	花淡黄色	果具翼，从空中飘下时如小型风车	常绿木质藤本	☼ ◐	
4	金银花	忍冬科忍冬属	4～6月	花黄白色	植株轻盈，藤蔓缭绕，冬叶微红，花先白后黄，富含清香，是色香俱备的藤本植物	常绿木质藤本	☼ ◐	
5	络石	夹竹桃科络石属	初夏5月	花白色	四季常青，覆盖力强	常绿藤本	☼ ◐	
6	使君子	使君子科使君子属	5～9月	花白色后变红色	一株上可见红、粉和白几种颜色的花朵，十分别致	落叶攀援状灌木	☼ ◐	
7	云南黄素馨	木樨科素馨属	3～4月	淡黄色	枝叶垂悬，树姿婀娜，春季黄花绿叶相衬	常绿攀援灌木	☼ ◐	

（续上表）

序号	种名	科属	花期	花色	观赏特性	类型	习性	图例
8	紫藤	蝶形花科紫藤属	4～6月	花紫蓝色	紫藤花串串下垂，散发出清醇香气	落叶藤本	☼	
9	红花西番莲	西番莲科西番莲属	春至秋季	花艳红色	枝蔓细长、花朵硕大、殊雅妍丽，被称为陆地上的莲花	多年生常绿草质藤本	☼	
10	爬山虎	葡萄科地锦属	6月	淡黄绿色	蔓茎能沿壁石迅速生长发展，叶片翠绿茂密	落叶木质藤本	☼	
11	西番莲	西番莲科西番莲属	5～7月	花白色略带淡紫色	枝蔓细长、花朵硕大、形状奇特、色彩艳丽	多年生常绿蔓性藤本	☼	
12	狭叶异翅藤	金虎尾科异翅藤果属	5～11月	花黄色	植株可塑性强，嫩叶红色，花果色鲜艳	落叶亚灌木	☼	

（续上表）

序号	种名	科属	花期	花色	观赏特性	类型	习性	图例
13	星果藤	金虎尾科三星果属	5～10月	花鲜黄色	花成串开放，花色艳丽，果具星状果翅，奇特	常绿木质藤本	☼	
14	异叶爬山虎	葡萄科地锦属	5～7月	花黄白色	攀援及吸附力强。多横向分枝。秋季落叶前，叶变为黄色或鲜红色，十分美丽	落叶木质藤本	☼	
15	麒麟叶	天南星科麒麟叶属	4～5月	花黄绿色	叶大阴浓，攀附性强	常绿藤本	◑ ●	

注：☼ 表示喜光植物或全日照植物；◑表示耐半阴或稍半日照植物；●表示耐阴或喜阴植物。

参考文献

［1］付军. 城市立体绿化技术［M］. 北京：化学工业出版社，2011.

［2］张建华，侯彬洁. 商业空间的立体绿化［J］. 园林，2013（9）：21.

［3］徐峰. 建筑环境立体绿化技术［M］. 北京：化学工业出版社，2014.

［4］李海英，白玉星等. 屋顶绿化的建筑设计与案例［M］. 北京：中国建筑工业出版社，2012.

［5］高杰. Patrick Blanc 和他的绿色世界［J］. 山西建筑，2011（26）：7.

［6］傅徽楠. 城市特殊绿化空间研究的历史、现状与发展趋势［J］. 中国园林，2004（Ⅱ）：23-28.

［7］卞咏梅. 再造城市绿色空间——国内外立体绿化漫谈［J］. 中国花卉园艺，2001（3）：81-88.

［8］罗咏. 认识城市立体绿化，发展屋顶绿化［J］. 科技资讯，2009（7）：67-71.

［9］张阴，李彬彬. 浅谈立体花坛在城市绿化中的应用［J］. 江苏林业科技，2013，40（5）：36-39.

［10］韦菁. 立体花坛在城市绿化中的应用研究［J］. 现代农业科技，2010（12）：205.

［11］［德］乌菲伦. 当代景观：立面绿化设计［M］. 扈喜林，译. 南京：江苏人民出版社，2011.

［12］温红. 如何提升立体花坛设计制作品位［J］. 河北林业科技，2010（3）：79.

［13］李强年. 城市绿地的微灌技术及工程应用［J］. 甘肃科技，2007（11）：150.

［14］王伟烈，黄嘉聪，杨迪海. 第二十二届广州园林博览会"垃圾分类之蚂蚁总动员"园圃浅析［J］. 广东园林，2016，38（6）.

［15］张雷，毕聪斌，李淑艳. 高架道路在城市交通建设中的应用［J］. 辽宁交通科技，2004（4）：34-36.

［16］余爱芹. 城市高架桥空间景观营造初探［D］. 南京：东南大学，2005.

［17］谭鑫强. 城市高架桥主导空间解析［D］. 大连：大连理工大学，2009.

［18］王杰青，王雪刚，陈志刚. 苏州城区高架桥绿化现状与桥区生态环境的研究［J］. 北方园艺，2006（3）：107-108.

［19］黄锦源. 城市特色景观桥型方案讨论［J］. 中国市政工程，2012（12）.

［20］徐晓帆，吴豪. 深圳市立交桥垂直绿化植物选择与配置［J］. 广东园林，2005（8）：15-22.

［21］方溪泉. AHP与AHP实力应用比较——以高架桥下土地使用评估为例［D］. 台湾：中兴大学都市计划研究所，1994.

［22］张宝鑫. 城市立体绿化［M］. 北京：中国林业出版社，2003.

［23］新京. 清溪川的变迁［J］. 环境经济，2007（3）：60-63.

［24］冷红，袁青. 韩国首尔清溪川复兴改造［J］. 国际城市规划，2007，22（4）：43-47.

［25］王新军，杨丽青. 盲目建造高架现象的经济分析以及国内外对比［J］. 城市规划. 2005
　　（9）：85-88.

［26］黄文燕. 城市高架路对商业影响研究——以广州为例［D］. 上海：同济大学，2008.

［27］李阎魁. 高架路与城市空间景观建设——上海城市高架路带来的思考［J］. 规划师，2001
　　（6）：48-52.

［28］高迪国际出版（香港）有限公司. 会呼吸的墙［M］. 大连：大连理工大学出版社，2016.

［29］王利. 上海高架道路沿线街道灰尘中重金属分布及污染评价［D］. 上海：华东师范大学，
　　2007.

［30］曹凤琦. 城市高架桥建设对环境的影响［J］. 江苏环境科技，1999（3）：21-24.

［31］黄文燕. 城市高架路对商业影响研究——以广州为例［D］. 上海：同济大学，2008.

［32］殷利华. 基于光环境的城市高架桥下绿地景观研究［M］. 武汉：华中科技大学出版社，2012.

［33］李海生，赖永辉. 广州市立交桥和人行天桥绿化情况调查研究［J］. 广东教育学院学报，
　　2009，29（3）：86-91

［34］朱纯，熊咏梅. 广州迎亚运道路植物景观改造［J］. 园林，2011（3）：12-15.

［35］Akbari H，Rose S L，Taha H. Analyzing the land cover of an urban environment using high-resolution
　　orthophotos［J］. Landscape andUrban Planning，2003，63（1），1-14.

［36］杨媚. 推广屋顶绿化的几个难点探讨［J］. 现代园林，2009（6）：80-81.

［37］Oberndorfer E，Lundholm J，Bass B，et al. Green roofs as urban ecosystems：ecological
　　structures，functions and services［J］. BioScience，2007，57（10）：823-833.

［38］Saiz S，Kennedy C，Brass B，et al. Comparative life cycle assessment of standard and green roof
　　［J］. Environmental Scienceand Technology，2006，40（13）：4312-4316.

［39］王军利. 屋顶绿化的简史、现状与发展对策［J］. 园艺园林科学，2005，21（12）：304-306.

［40］李斌. 环境行为学的环境行为理论及其拓展［J］. 建筑学报，2008（2）：30-33.

［41］黄金绮. 屋顶花园设计与营造［M］. 北京：中国林业出版社，1994.

［42］戴力农，林京升. 环境设计［M］. 北京：机械工业出版社，2003.

［43］土石章. 屋顶花园设计研究［D］. 武汉：华中科技大学，2007.

［44］金春萍. 绿化装饰办公环境提高工作效率［J］. 河南农业，2005（10）：18.

［45］姜颖. 最新国外屋顶绿化［M］. 武汉：华中科技大学出版社，2009.

［46］刘迎辉，胡文奕. 再造城市绿色空间［J］. 江西园艺，2005（4）：27.

［47］涯尔纳·皮特·库斯特. 德国屋顶花园绿化［J］. 中国园林，2005（4）：71-75.

［48］马月萍，董光勇. 屋顶绿化设计与建造［M］. 北京：机械工业出版社，2011.

［49］史晓松，钮科彦. 屋顶花园与垂自绿化［M］. 北京：化学工业出版社，2011.

［50］维拉·斯卡兰. 建筑墙面绿化［M］. 桂林：广西师范大学出版社，2015.